全国高职高专土建类专业规划教材

Building

GONGCHENG JIEGOU KANGZHEN

工程结构抗震

主　编　尹素仙　蒋焕青

副主编　许　博　谢静思　葛　莎

中南大学出版社
www.csupress.com.cn

内容简介

本书共分为 8 章，主要包括：绪论；场地、地基和基础；地震作用和结构抗震验算；混凝土结构抗震设计；砌体结构抗震设计；钢结构抗震设计；单层钢筋混凝土柱厂房的抗震设计；隔震和消能减震设计。本书每章设有"学习目标""读一读"等栏目，以图文并茂的方式将理论与工程实践结合起来，便于教、学、做一体化教学模式的实现。

本书为高职高专土建类专业规划系列教材之一，主要适用于高职高专建筑类专业，同时可供各普通高等学校设立的成教学院、网络学院以及电视大学等同类专业专科教学使用，亦可作为广大学者及相关专业技术人员的参考用书。

本书配有多媒体教学电子课件。

高职高专土建类专业规划教材编审委员会

主 任

王运政　　胡六星　　郑　伟　　玉小冰　　刘孟良

陈安生　　李建华　　陈翼翔　　谢建波　　胡云珍

副主任

（以姓氏笔画为序）

王超洋　　卢　滔　　刘可定　　刘庆潭　　刘锡军

杨晓珍　　李玲萍　　李清奇　　李精润　　陈　晖

欧阳和平　周一峰　　项　林　　卿利军　　黄金波

委 员

（以姓氏笔画为序）

万小华　　龙卫国　　邓　慧　　叶　姝　　吕东风　　朱再英

伍扬波　　刘小聪　　刘天林　　刘心萍　　刘旭灵　　刘剑勇

刘晓辉　　许　博　　阮晓玲　　孙光远　　孙湘晖　　李为华

李　龙　　李　冬　　李亚贵　　李进军　　李丽君　　李　奇

李　侃　　李海霞　　李鸿雁　　李　鲤　　李　薇　　肖飞剑

肖恒升　　肖　洋　　何立志　　何　珊　　佘　勇　　宋士法

宋国芳　　张小军　　陈贤清　　陈淳慧　　陈　翔　　陈婷梅

易红霞　　罗少卿　　金红丽　　周　伟　　周良德　　赵亚敏

胡蓉蓉　　徐龙辉　　徐运明　　徐猛勇　　高建平　　唐　文

唐茂华　　黄光明　　黄郎宁　　曹世晖　　常爱萍　　梁鸿颉

彭　飞　　彭子茂　　彭东黎　　蒋买勇　　蒋　荣　　喻艳梅

曾维湘　　曾福林　　熊宇璟　　樊淳华　　魏丽梅　　魏秀瑛

出版说明 INSTRUCTIONS

在新时期我国建筑业转型升级的大背景下，按照"对接产业、工学结合、提升质量，促进职业教育链深度融入产业链，有效服务区域经济发展"的职业教育发展思路，为全面推进高等职业院校土建类专业教育教学改革，促进高端技术技能型人才的培养，我们通过充分的调研和论证，在总结吸纳国内优秀高职高专教材建设经验的基础上，组织编写和出版了本套基于专业技能培养的高职高专土建类专业"十三五"规划教材。

近几年，我们率先在国内进行了省级高等职业院校学生专业技能抽查工作，试图采用技能抽查的方式规范专业教学，通过技能抽查标准构建学校教育与企业实际需求相衔接的平台，引导高职教育各相关专业的教学改革。随着此项工作的不断推进，作为课程内容载体的教材也必然要顺应教学改革的需要。本套教材以综合素质为基础，以能力为本位，强调基本技术与核心技能的培养，尽量做到理论与实践的零距离；充分体现了《关于职业院校学生专业技能抽查考试标准开发项目申报工作的通知》（湘教通〔2010〕238号）精神，工学结合，讲究科学性、创新性、应用性，力争将技能抽查"标准"和"题库"的相关内容有机地融入到教材中来。本套教材以建筑业企业的职业岗位要求为依据，参照建筑施工企业用人标准，明确职业岗位对核心能力和一般专业能力的要求，重点培养学生的技术运用能力和岗位工作能力。

本套教材的突出特点表现在：一、把土建类专业技能抽查的相关内容融入教材之中；二、把建筑业企业基层专业技术管理人员岗位资格考试相关内容融入教材之中；三、将国家职业技能鉴定标准的目标要求融入教材之中。总之，我们期望通过这些行之有效的办法，达到教、学、做合一，使同学们在取得毕业证书的同时也能比较顺利地考取相应的职业资格证书和技能鉴定证书。

高职高专土建类专业"十三五"规划教材

编审委员会

前言 PREFACE

我国是世界上遭受地震灾害最严重的国家之一，地震预报又是世界级难题，因此，认真全面地总结并吸取地震灾害尤其是工程结构震害的经验教训，提高我国的基本建设水平，增强房屋建筑的抗震能力，减少地震时的人员伤亡和财产损失具有十分重要的意义。

本书依据最新规范，主要介绍了地震的基本知识，场地选择、地基和基础的抗震设计，地震作用和结构抗震验算，混凝土结构抗震设计，砌体结构抗震设计的相关构造，钢结构抗震设计的相关构造，单层钢筋混凝土柱厂房的抗震设计以及隔震和消能减震设计的相关构造等八项内容。本书标有＊号的章节内容为选讲部分。

本书在编写上突出了以下三个特点：

(1)以工程实例为主线，逐步深入，逐一讲述，框架清晰，结构完整。通过本书的学习，学生可以全面系统地掌握简单结构抗震设计的基本思路和具体步骤。

(2)重构造，轻计算。针对高职高专建筑工程类学生的特点，我们在内容选取上大大降低了建筑抗震设计的计算问题，把重心下移到抗震构造措施和应用上。

(3)每章前面编排了"学习目标"和"读一读"，突出工程概念的培养和抗震设计在具体工程结构中的应用，以及采用大量的工程图片，图文并茂，让学生更直观地理解工程结构抗震的一些构造要求。

本书由尹素仙、蒋焕青担任主编，许博、谢静思、葛莎担任副主编，由赵邵华主审。具体编写内容如下：尹素仙编写了第1章、第4章、第8章，谢静思编写了第2章，许博编写了第3章，葛莎编写了第5章，蒋焕青编写了第6章和第7章。在本书的编写过程中，得到了有关专家教授的宝贵意见，在此一并表示感谢！

限于编者水平，书中尚有不足之处，敬请广大读者批评指正。

目 录 CONTENTS

第1章　绪　论

【学习目标】

1. 了解地震基本知识及地震破坏；
2. 了解地震活动与地震破坏作用；
3. 掌握我国工程结构的抗震设防目的和要求；
4. 掌握抗震设计的基本要求。

【读一读】

表 1-1～表 1-3 是一实际项目的结构施工图中结施-002G 结构设计总说明的一部分，其中提到了抗震设防烈度、抗震等级、设计基本地震加速度值、场地特征周期、抗震等级等专业术语。对工程结构房屋确实需要抗震设计的，如何进行抗震设计？

表 1-1　结施-002G 结构设计总说明(一)

地震参数			
抗震设防烈度	6 度	设计地震分组	第一组
设计基本地震加速度值	0.05g	建筑场地类别	Ⅱ类
场地特征周期	0.35s	抗震构造措施	满足 6 度的要求(B 区、C 区)
地震作用	依据《建筑抗震设计规范》确定		满足 6 度的要求(G 区、H 区)

表 1-2　结施-002G 结构设计总说明(二)

(1)	B、C、G、H 区相关范围应取地上结构以外不小于 2 跨
(2)	B、C 区阳台位置上下各两层上部结构周围竖向构件抗震等级提高一级
(3)	B、C 区局部托梁转换柱、转换梁抗震等级提高一级
(4)	B、C 区与个别错层构件相连接框架柱抗震等级提高一级

1

混凝土结构抗震等级

钢筋混凝土结构

部位	楼层	抗震等级	
		剪力墙	框架
B、C 区	首层及以上	二级	二级
B、C、G、H 区相关范围 以内地下室部分	地下一层	同地上部分	
	地下四层～地下二层	逐层递减且不小于四级	
B、C、G、H 区相关范围 以外地下室部分	地下四层～地下一层	四级	
楼梯(梯梁、梯柱)		四级	

1.1　地震基本知识

地震是一种自然现象。随着全球进入新一轮地震活跃期,仅在 2011 年 1—3 月间发生的强烈地震就有 4 次,分别是 2011 年 2 月 22 日新西兰克莱斯特彻奇发生里氏 6.3 级地震、2011 年 3 月 10 日我国云南盈江发生里氏 5.8 级地震、2011 年 3 月 11 日日本东北部海域发生里氏 9.0 级大地震并引发海啸及核灾难、2011 年 3 月 22 日缅甸发生里氏 7.2 级地震。据统计,地球每年平均发生 500 万次左右的地震,这些地震绝大多数很小,不用灵敏的仪器测量不到,这样的小地震约占一年中地震总数的99%,剩下的1%才是人们可以感觉到的。其中,5 级以上的强烈地震约 1000 次。

我国是一个多地震的国家,1976 年 7 月 28 日唐山大地震死亡和失踪人数约 24.2 万人,重伤约 16.4 万人,造成直接经济损失 30 亿元,震后重建费用达 100 亿元;2008 年 5 月 12 日汶川地震死亡和失踪人数约 8.7 万人,受伤约 37.5 万人,直接经济损失 8451 亿元。

地震对人类的影响越来越大,抵御地震成为人类面对灾难的长期工作。为了减轻或避免地震的影响,我们需要对地震有较深入的了解。作为土木工程技术人员,其任务就是掌握工程结构抗震设计原理和方法,研究如何防止或减少建筑物的地震破坏,通过对建筑物的抗震设防,将地震造成的人员伤亡和经济损失降至最低。

1.1.1　地震的类型与成因

地震是地球内部缓慢积累的能量突然释放而引起的地球表层的振动。地震按其成因主要分为天然地震和诱发地震两大类。诱发地震主要是由于人工爆破、矿山开采、大水库蓄水、深井高压注水等人为原因所引发的地震。诱发地震范围不大,一般不太强烈。天然地震又分为火山地震、陷落地震和构造地震三种。火山地震是指由于火山爆发,岩浆猛烈冲出地面而引起的地震。陷落地震是由于地表或地下岩层,如石灰岩地区较大的地下溶洞或古旧矿坑等,突然发生大规模的陷落和崩塌时所引起的小范围内的地面振动。构造地震是由于地壳运动,地壳岩层之间发生推挤,使其薄弱部位发生断裂错动而引起的地震。比较而言,构造地震发生次数最多,影响范围最广,占全球地震发生总数的90%以上,是防震工程的主要研究对象。

地球内部断层错动并引起周围介质振动的部位称为震源。震源在地球表面的投影称为震中。地面某处到震中的距离称为震中距,震中附近地区称为震中区。破坏最严重的地区称为极震区。震中到震源的垂直距离叫震源深度。按震源深度分类,地震又可分为浅源地震、中源地震和深源地震。浅源地震的震源深度在60 km以内,占地震总数的70%左右,其波及范围较小,破坏程度较大;震源深度在60~300 km的,称为中源地震,占地震总数的25%左右;深源地震的震源深度超过300 km,占地震总数的5%左右。

1.1.2 地震波、震级与地震烈度

1. 地震波

地震引起的振动以波的形式从震源向各个方向传播并释放能量,称为地震波。根据在地壳中传播的路径不同,地震波可以分为在地球内部传播的体波和只限于在地面附近传播的面波。

体波根据介质质点振动方向与波的传播方向的不同分为纵波(P波)和横波(S波)。

当质点的振动方向与波的传播方向一致时称为纵波。纵波由震源向四周传播,可以在固体和液体里传播。纵波的特点是周期短、振幅小、波速快,在地面上引起上下颠簸。由于纵波波速快,在地震发生时往往最先到达,因此也叫初波、P波、压缩波和拉压波。

横波是指质点的振动方向与波的前进方向垂直的地震波。由于横波的传播过程是介质不断受剪切变形的过程,因此横波只能在固体介质中传播。横波周期一般较长、振幅较大、波速较慢,引起地面水平方向的运动。由于横波在地震发生时到达的时间比纵波慢,因此也称为次波、S波、剪切波和等体积波。

纵波和横波的传播速度不同,纵波比横波传播速度快,但衰减也快,因此纵波先到达场地,横波随后到达。震中附近的人先感到上下运动,有时甚至被抛起,之后才感觉到左右摇晃运动,站立不稳。纵波的衰减较快,因而其影响范围往往不及横波。因此,除震中或者某些特定的结构情况外,抗震设计主要考虑横波的剪切作用。

根据弹性理论,纵波传播波速和横波传播波速可分别按下式计算

$$v_p = \sqrt{\frac{E(1-\mu)}{\rho(1+\mu)(1-2\mu)}} \qquad (1-1)$$

$$v_s = \sqrt{\frac{E}{2\rho(1+\mu)}} = \sqrt{\frac{G}{\rho}} \qquad (1-2)$$

式中：E——介质的弹性模量。

G——介质的剪切模量。

ρ——介质的密度。

μ——介质的泊松比。

地基土中纵波和横波的波速参考值见表1-4。

表 1-4　地基土中纵波和横波的波速参考值/ $(\mathbf{m \cdot s^{-1}})$

地基土名称	v_p	v_s	地基土名称	v_p	v_s
湿黏土	1500	150	细砂	300	110
天然湿度黄土	800	260	中砂	550	160
密实砾石	480	250	粗砂	750	180

　　面波是沿地表或地壳不同地层界面传播的波。面波是体波经地层界面多次反射、折射所形成的次生波。面波包括瑞利波（R 波）和勒夫波（L 波）。瑞利波传播时，质点在波的传播方向和地面法向所组成的平面内作与波前进方向相反的椭圆运动，在地面上表现为蛇形运动。面波质点的振动形式如图 1-1 所示。面波的传播速度较慢，周期长、振幅大、衰减慢，故能传播到很远的地方。面波使地面既产生垂直振动又产生水平振动。

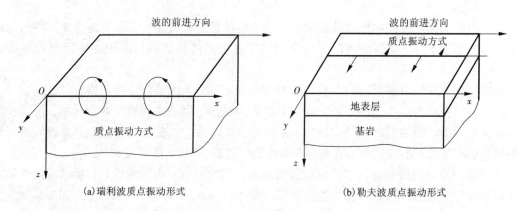

图 1-1　面波质点振动形式

　　地震波的传播速度以纵波最快，横波次之，面波最慢。所以在一般地震波记录图上，纵波最先到达，横波次之，面波最晚到达；振幅则恰好相反，纵波的振幅最小，横波的振幅较大，面波的振幅最大。

2. 震级与地震烈度

　　衡量一次地震释放能量大小的等级，称为震级，用符号 M 表示。震级是地震的基本参数之一，通常用地震时地面运动的振幅来确定地震震级。目前国际上常用的是里氏震级，1935年美国学者里克特（C. F. Richter）首先提出震级的概念。震级是利用标准地震仪（周期为 0.8 s，阻尼系数为 0.8，放大倍数为 2800 倍的地震仪）距离震中 100 km 处记录到的以微米为单位的最大水平地面位移 A 的常用对数值。

$$M = \lg A \qquad (1-3)$$

式中：M——地震震级，通常称为里氏震级。

　　A——由地震仪记录的地震曲线图上得到的最大振幅。

　　一次地震只有一个震级，利用震级可以估算出一次地震所释放出的能量。震级与地震释放的能量之间有如下关系

$$\lg E = 1.5M + 11.8 \qquad (1-4)$$

式中：E——地震能量，J。

根据式(1-4)将地震震级与所释放的能量列于表1-5，由此可见，震级相差一级，能量相差约32倍。一个6级地震所释放的能量(6.3×10^{13} J)相当于1个2万吨级原子弹所释放的能量(8×10^{13} J)。

表1-5 地震震级与所释放的能量

震级	能量/J	震级	能量/J
0	6.3×10^4	5	2×10^{12}
1	2×10^6	6	6.3×10^{13}
2	6.3×10^7	7	2×10^{15}
2.5	3.55×10^8	8	6.3×10^{15}
3	2×10^9	8.5	3.55×10^{17}
4	6.3×10^{10}	8.9	1.4×10^{18}

地震烈度是指某一地区的地面和各类建筑物遭受一次地震影响的平均强弱程度。一次地震，表示地震大小的震级只有一个。然而，由于同一次地震对不同地点的影响不一样，随震中距的不同会出现不同的地震烈度。一般说来，距震中越近，地震烈度越高；距震中越远，地震烈度越低；震源深度越浅，地震烈度越高；震源深度越深，地震烈度越低。表1-6给出了震源深度为10~30 km时，地震震级M与震中烈度I_0的大致关系。

表1-6 震中烈度与震级的大致关系(震源深度为10~30 km)

震级	2	3	4	5	6	7	8	8以上
震中烈度	1~2	3	4~5	6~7	7~8	9~10	11	12

表1-6中的对应关系也可用经验公式(1-5)得出

$$M = 0.58I_0 + 1.5 \tag{1-5}$$

地震烈度表示地震影响的强弱程度。为了便于评判，需要建立一个合适的标准，这个标准就是地震烈度表。目前我国和世界上绝大多数国家采用的是划分为12度的烈度表。地震烈度表是评定烈度大小的尺度和标准。我国的地震烈度表中不仅有宏观现象如地震时人的感觉、器物的反应、建筑物破损程度和地貌变化特征等对地震现象的宏观描述，也有定量指标，即以地面运动最大加速度和最大速度作为参考物理指标，给出对应于不同烈度的具体数值。当然需要说明的是，地震造成的破坏是多因素综合影响的结果，把地震烈度孤立地与某项物理指标联系起来的观念是片面的、不适当的。表1-7是我国的地震烈度表。

表 1-7 中国地震烈度表

地震烈度	人的感觉	房屋震害			其他震害现象	水平向地面运动	
		类型	震害程度	平均震害指数		峰值加速度/$(m \cdot s^{-2})$	峰值速度/$(m \cdot s^{-1})$
I	无感觉	—	—		—	—	—
II	室内个别静止中的人有感觉	—	—		—	—	—
III	室内少数静止中的人有感觉	—	门、窗轻微作响	—	悬挂物微动	—	—
IV	室内多数人、室外少数人有感觉，少数人梦中惊醒	—	门、窗作响		悬挂物明显摆动，器皿作响	—	—
V	室内绝大多数、室外多数人有感觉，多数人梦中惊醒	—	门窗、屋顶、屋架颤动作响，灰土掉落，个别房屋墙体抹灰出现细微裂缝，个别屋顶烟囱掉砖	—	悬挂物大幅度晃动，不稳定器物摇动或翻倒	0.31 (0.22~0.44)	0.03 (0.02~0.04)
VI	多数人站立不稳，少数人惊逃户外	A	少数中等破坏，多数轻微破坏或基本完好	0.00~0.11	家具或物品移动；河岸和松软土出现裂缝，饱和砂层出现喷砂冒水；个别独立砖烟囱轻度裂缝	0.63 (0.45~0.89)	0.06 (0.05~0.09)
		B	个别中等破坏，少数轻微破坏，多数基本完好	0.00~0.08			
		C	个别轻微破坏，大多数基本完好				
VII	大多数人惊逃户外，骑自行车的人有感觉。行驶中的汽车驾乘人员有感觉	A	少数毁坏和/或严重破坏，多数中等破坏和/或轻微破坏	0.09~0.31	物体从架子上掉落；河岸出现塌方，饱和砂层常见喷砂冒水，松软土地上地裂缝较多；大多数独立砖烟囱中等破坏	1.25 (0.90~1.77)	0.13 (0.10~0.18)
		B	少数中等破坏，多数轻微破坏和/或基本完好				
		C	少数中等和/或轻微破坏，多数基本完好	0.07~0.22			
VIII	多数人摇晃颠簸，行走困难	A	少数毁坏，多数严重和/或中等破坏	0.29~0.51	干硬土上亦出现裂缝；饱和砂层绝大多数喷砂冒水；大多数独立砖烟囱严重破坏	2.50 (1.78~3.53)	0.25 (0.19~0.35)
		B	个别损坏，少数严重破坏，多数中等和/或轻微破坏				
		C	少数严重和/或中等破坏，多数轻微破坏	0.20~0.40			

地震烈度	人的感觉	房屋震害			其他震害现象	水平向地面运动	
		类型	震害程度	平均震害指数		峰值加速度/$(m \cdot s^{-2})$	峰值速度/$(m \cdot s^{-1})$
IX	行动的人摔倒	A	少数严重破坏或/和毁坏	0.49~0.71	干硬土上多处出现裂缝；可见基岩裂缝、错动，滑坡、塌方；独立砖烟囱多数倒塌	5.00 (3.54~7.07)	0.50 (0.36~0.71)
		B	少数毁坏，多数严重和/或中等破坏				
		C	少数毁坏和/或严重破坏，多数中等和/或轻微破坏	0.38~0.60			
X	骑自行车的人会摔倒，处于不稳状态的人会被摔离原地，有抛起感	A	绝大多数毁坏	0.69~0.91	山崩和地震断裂出现；基岩上拱桥破坏；大多数独立砖烟囱从根部破坏或倒毁	10.00 (7.08~14.14)	1.00 (0.72~1.41)
		B	大多数毁坏				
		C	多数毁坏和/或严重破坏	0.58~0.80			
XII	—	A	绝大多数毁坏	0.89~1.00	地震断裂延续很长；大量山崩滑坡		
		B					
		C		0.78~1.00			
XII	—	A	几乎全部毁坏	1.00	地面剧烈变化，山河改观		
		B					
		C					

注：表中的"峰值加速度""峰值速度"是参考值，括弧内给出的是变动范围；表中的"个别"为10%以下，"少数"为10%~45%，"多数"为40%~70%，"大多数"为60%~90%，"绝大多数"为80%以上。

中国地震烈度区划图是根据国家抗震设防需要和当前的科学技术水平，按照长时期内各地可能遭受的地震危险程度对国土进行划分，展示地区间潜在地震危险性的差异的图件。我国地处欧亚板块的东南部，受环太平洋地震带和欧亚地震带的影响，是个多地震的国家。据统计，我国大陆 7 级以上地震占全球大陆 7 级以上地震的 1/3，因地震死亡人数占全球的 1/2；我国有 41% 的国土、一半以上的城市位于地震烈度 7 度及 7 度以上地区，6 度及 6 度以上地区占国土面积的 79%。我国几个地震活动较为强烈的地区是：青藏高原和云南、四川西部，华北太行山和京津唐地区，新疆、甘肃及宁夏，福建和广东沿海，台湾地区等。中国从 20 世纪 30 年代开始做地震区划工作。中华人民共和国成立以来，曾三次（1956 年、1977 年、1990 年）编制全国性的地震烈度区划图。现行的 1:400 万《中国地震烈度区划图》（图 1-2）（1990 年）的编制采用当时国际上通用的地震危险性分析的综合概率法，并做了重要的改进，1992 年 5 月经国务院批准由国家地震局和建设部联合颁布使用。图上所标示的地震烈度值系指在 50 年期限内、一般场地条件下，可能遭遇的地震事件中超越概率为 10% 所对应的烈度值（50 年期限内超越概率为 10% 的风险水平是国际上普遍采用的一般建筑物抗震设计标准）。

因此,这张图可以作为中小工程(不包括大型工程)和民用建筑的抗震设防依据、国家经济建设和国土利用规划的基础资料,同时也是制订减轻和防御地震灾害对策的依据。

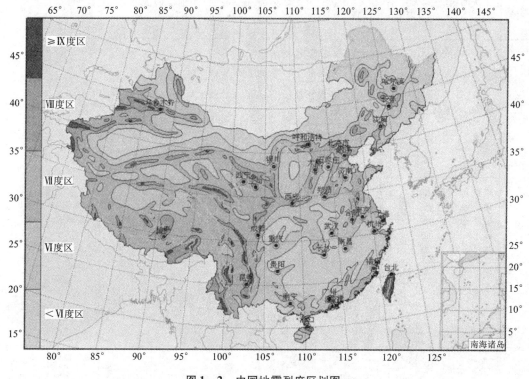

图 1 - 2 中国地震烈度区划图

1.1.3 地震区划图、抗震设防烈度与设计地震分组

地震引起的地震动是建筑物承受地震作用的根源。地震时地震波使地面发生强烈振动,导致地面上原来静止的建筑物发生强迫振动。由地壳震动引起的结构动态作用,包括水平地震作用和竖向地震作用。地震作用是由于地面运动引起结构反应而产生的惯性力(第3章将详细介绍)。

地震区划就是地震区域的划分,地震区划图是指在地图上按地震情况的差异,划分不同的区域,即以地震动参数(以加速度表示地震作用强弱程度)为指标,将全国划分为不同抗震设防要求区域的图件(见 GB 18306—2015《中国地震动参数区划图》)。GB 50011—2010《建筑抗震设计规范》(以下简称《规范》)明确说明地震动参数是以加速度作为主要指标来表示地震作用的强弱程度。但地震作用不仅有加速度的作用,还包括地震动的速度和位移的作用等。

抗震设防烈度是按国家规定的权限批准的作为一个地区抗震设防依据的地震烈度。我国《规范》规定,一般情况下,抗震设防烈度可采用《中国地震动参数区划图》的地震基本烈度,或与《规范》中设计基本地震加速度所对应的烈度值。基本烈度是指该地区今后一定时间内(一般指50年),在一般场地条件下可能遭遇的超越概率为10%的地震烈度,它是一个地区进行抗震设防的依据。对已编制抗震设防区划的城市,可按批准的抗震设防烈度或设计地震动参数进行抗震设防。抗震设防烈度和设计基本地震加速度的对应关系见表 1 - 8。设计基本地震加速度为 0.15g 和 0.30g 地区内的建筑,除《规范》另有规定外,应分别按抗震设防烈度 7 度和 8 度的要求进行抗震设计。

表1-8 抗震设防烈度和设计基本地震加速度的对应关系(g 为重力加速度) (m·s⁻²)

抗震设防烈度	6 度	7 度	8 度	9 度
设计基本地震加速度	0.05g	0.10(0.15)g	0.20(0.30)g	0.40g

注:抗震设防烈度 7、8 度时,均有两个设计基本地震加速度值。

抗震设计用的地震影响系数曲线中,反映地震震级、震中距和场地类型等因素的下降段起始点对应的周期值,简称特征周期。特征周期是结构抗震设计计算中反映地震能量、传播规律及场地特性的综合指标。特征周期是地震动反应谱特征周期的简称,又可称为设计特征周期。建筑设计特征周期应根据所在地的设计地震分组和场地类型确定。设计地震分组共分三组,用以体现震级和震中距的影响。我国部分主要城镇抗震设防烈度、设计基本地震加速度和设计地震分组情况详见《规范》。

1.2 地震活动与地震破坏作用

1.2.1 世界的地震活动

地震具有随机性,但从统计学角度上分析地震的时空分布,它又存在一定的规律性。从世界范围对地震进行历史性的研究,发现在地理位置上地震震中呈带状分布。根据历史上地震的分布特征和产生地震的地质背景编制绘出的世界地震震中分布图如图 1-3 所示。由图中可以看到,地球上地震活动集中分布在四组主要地震带上。

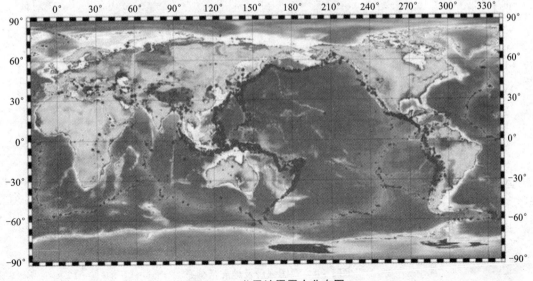

图1-3 世界地震震中分布图

（1）环太平洋地震带。全球约80%浅源地震和90%中深源地震，以及几乎所有的深源地震都集中在这一地带。它从南美洲西海岸起，经北美洲西海岸、阿留申群岛，转向西南到日本列岛，再经我国台湾地区到达菲律宾、新几内亚和新西兰。

（2）欧亚地震带(地中海—喜马拉雅地震带)。除分布在环太平洋地震活动带的中深源地震以外，几乎所有的其他中深源地震和一些大的浅源地震都发生在这一活动带，这一活动带的震中分布大致与山脉走向一致。它西起大西洋的亚速岛，经意大利、土耳其、伊朗、印尼北部、我国西部和西南地区，过缅甸至印度尼西亚与环太平洋地震带相衔接，总长超过 2×10^4 km。欧亚地震带与环太平洋地震带为世界地震的两个主要活动地带。

（3）沿北冰洋、大西洋和印度洋中主要山脉的狭窄浅震活动带。北冰洋、大西洋浅震活动带是从勒拿河口地震较稀少的地区开始，经过一系列海底山脉和冰岛，然后顺着大西洋底的隆起带延伸。印度洋地震带始于阿拉伯之南，沿海底隆起延伸，之后朝南走向南极。

（4）地震相当活动的断裂谷。如东非洲和夏威夷群岛等。

1.2.2　我国的地震活动

我国是一个地震多发的国家之一，20世纪以来，我国因地震死亡人数近60万，占世界因地震死亡人数的一半。世界上两次死亡人数超过20万的大地震均发生在我国：1920年，中国甘肃省发生8.5级地震，20万人死亡；1976年7月28日，中国唐山7.8级大地震，是20世纪世界地震史上最悲惨的一幕：死亡242769人，重伤164851人。几乎所有的省、自治区、直辖市在历史上都遭受过6级以上地震的袭击。我国强震及地震带分布如图1-4所示。

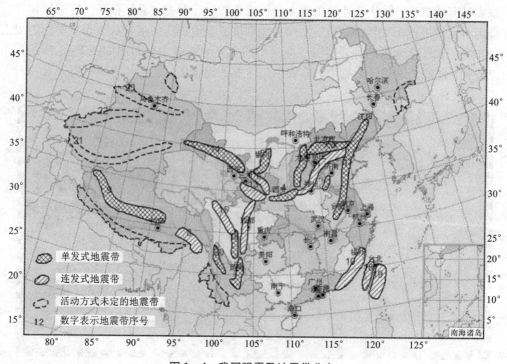

图1-4　我国强震及地震带分布

10

1.2.3 地震灾害概述

对历史地震的考察与分析表明,地震灾害主要表现在三个方面:地表破坏、建筑物破坏以及次生灾害。

1.地表破坏

地表破坏表现为地裂缝、地面隆起、地面塌陷、喷砂冒水、山体崩塌、滑坡等形式,如图1-5所示。

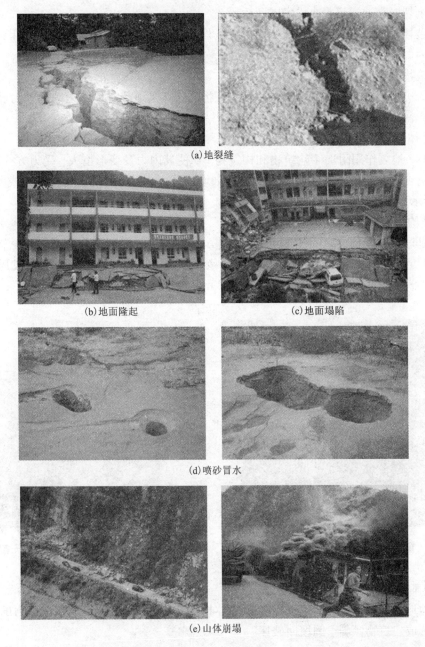

(a)地裂缝

(b)地面隆起   (c)地面塌陷

(d)喷砂冒水

(e)山体崩塌

图1-5 地表破坏

地裂缝分为构造性地裂缝和重力式地裂缝两类。前者是地震断裂错动后在地表形成的痕迹,裂缝带长可延伸几千米至几万米,带宽达数十厘米到数米。后者是由于地表土质不均匀或受到地貌影响形成的,其规模较构造性地裂缝小。

在地下水位较高、砂层埋藏较浅的平原及沿海地区,地表的强烈震动使地下水压力急剧增大,会使饱和的粉土或砂土层液化,地下水夹着砂土颗粒,经地裂缝或其他通道喷出地面,形成喷水冒砂现象,严重的地方房屋下沉倾斜、开裂或倒塌,埋入地下的管网大面积破坏。

在山崖,地震时易发生山石崩裂,在河岸、丘陵地区,地震时极易诱发滑坡。地震诱发的大滑坡可切断交通通道,冲毁房屋和桥梁。

以上破坏是造成震后人员伤亡、生命线工程毁坏、社会经济受损等灾害后果最直接、最重要的原因。

2. 建筑物破坏

我国历史地震资料表明,90%左右的建筑物的破坏是地震时地面运动的动力破坏作用所引起,主要表现为以下三种破坏情况。

(1)主体结构强度不足形成的破坏。

地震时,地震作用附加于建筑物和构筑物上,使其内力及变形增大,受力方式发生改变,导致建筑物或构筑物的承载力不足而破坏。如墙体开裂,钢筋混凝土构件开裂或酥裂等,如图1-6所示。

(2)结构丧失整体性形成的破坏。

结构是通过各个构件之间的连接和支撑来共同工作的,在地震作用下,由于节点连接失效、延性不足、锚固质量差、主要承重构件失稳等因素使结构丧失整体性而造成局部或整个结构的倒塌,如图1-7所示。

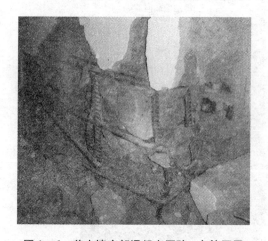

图1-6 剪力墙底部混凝土压碎、主筋压屈

图1-7 柱节点破坏(节点区无箍筋)

(3)地基失效引起的破坏。

在强烈地震作用下,有些建筑物上部结构本身并无损坏,却由于地基承载力的下降或地基土液化造成建筑物倾斜、倒塌而破坏。

3. 次生灾害

地震次生灾害一般是指地震强烈震动后，以震动的破坏后果为导引而引发一系列的其他灾害。水库大坝，堤防，贮油贮气设备，输油输气设备，贮存易燃易爆、剧毒和强腐蚀性物质的设备，核能利用设施等一旦被破坏便容易引发次生灾害，如火灾，水灾，有毒容器破坏后毒气、毒液或放射性物质等泄漏造成的灾害等。地震后还会引发种种社会性灾害，如通信事故，计算机事故，沿海地区可能遭受海啸的袭击(图 1 – 8)；冬天发生的地震容易引起冻灾；夏天发生的地震，由于人畜尸体来不及处理及环境条件的恶化，可引起环境污染和瘟疫流行，等等。

(a)海啸　　　　　　　　　　　　　　　　(b)火灾

图 1 – 8　次生灾害

1.3　工程抗震设防

1.3.1　抗震设防的概念

抗震设防是指对建筑物进行抗震设计并采取一定的构造措施，以达到结构抗震的效果和目的。工程结构抗震设防的标准是根据国民经济的基本状况和结构安全使用的基本要求来确定的，抗震设防的依据是抗震设防烈度。抗震设防烈度是指按照国家规定的权限，批准作为一个地区抗震设防依据的地震烈度。一般情况下，某一地区的抗震设防烈度应采用《中国地震动参数区划图》中确定的地震基本烈度。

地震基本烈度是为了适应抗震设防要求而提出的一个基本概念。由于地震具有随机性，需要用概率的方法来预测某地区在未来一定时间内可能发生的最大地震。根据地震发生的概率密度和强度将地震烈度划分为多遇烈度、基本烈度和罕遇烈度，分别称为小震、中震和大震。

根据地震危险性分析，一般认为我国地震烈度的概率密度函数符合极值Ⅲ型分布，如图 1 – 9 所示，概率密度函数和分布函数分别为：

$$f_{\mathrm{III}}(I) = \frac{k(\omega - I)^{k-1}}{(\omega - I_{\mathrm{m}})^{k}} \mathrm{e}^{-\left(\frac{\omega - I}{\omega - I_{\mathrm{m}}}\right)^{k}} \qquad F_{\mathrm{III}}(I) = \mathrm{e}^{-\left(\frac{\omega - I}{\omega - I_{\mathrm{m}}}\right)^{k}} \qquad (1 - 6)$$

式中：ω——地震烈度上限值；

　　　I——地震烈度；

　　　k——形状参数；

　　　I_m——多遇烈度，概率密度函数曲线上峰值所对应的烈度，不同地区的多遇烈度可以
　　　　　　通过统计得到。

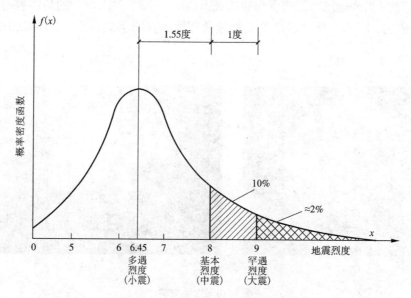

图 1-9　地震烈度的概率密度函数

从概率意义上讲，多遇烈度是发生概率最大的地震，也就是烈度概率密度分布曲线上的峰值对应的烈度。多遇烈度（又叫小震烈度、众值烈度）是指在 50 年期限内，一般场地条件下，可能遇到的超越概率为 63.2% 的地震烈度值，相当于 50 年一遇的地震烈度值。基本烈度（又叫中震烈度）是指在 50 年期限内，一般场地条件下，可能遇到的超越概率为 10% 的地震烈度值，相当于 474 年一遇的地震烈度值。罕遇烈度（又叫大震烈度）是指在 50 年期限内，一般场地条件下，可能遇到的超越概率为 2%～3% 的地震烈度值，相当于 1600～2500 年一遇的地震烈度值。

从平均意义上讲，多遇烈度比基本烈度低 1.55 度，罕遇烈度比基本烈度高 1 度左右。例如，当基本烈度为 8 度时，其多遇烈度为 6.45 度左右，罕遇烈度为 9 度左右。

工程结构抗震设防的基本目的是在一定的经济条件下，最大限度地避免人员伤亡，限制和减轻建筑物由地震引起的破坏，减少经济损失。为了实现这一目的，我国采用"三水准"的抗震设防要求作为建筑工程结构抗震设计的基本准则，具体如下：

第一水准：当遭受低于本地区抗震设防烈度的多遇地震影响时，建筑物一般不受损坏或不需修理仍可继续使用，简称"小震不坏"。

第二水准：当遭受相当于本地区抗震设防烈度的地震影响时，建筑物可能损坏，但经一般修理或不需要修理仍可继续使用，简称"中震可修"。

第三水准：当遭受高于本地区抗震设防烈度预估的罕遇地震影响时，建筑物不致倒塌或

14

发生危及生命的严重破坏，简称"大震不倒"。

第一水准要求建筑结构满足多遇地震作用下的承载力极限状态验算要求及建筑的弹性变形不超过规定的弹性变形限值。第二水准要求建筑结构具有相当的延性能力(塑性变形能力)，不发生不可修复的脆性破坏。第三水准要求建筑具有足够的变形能力，其弹塑性变形不超过规定的弹塑性变形限值。

1.3.2　工程结构抗震设计方法

工程结构的抗震设计应满足上述"三水准"的抗震设防要求，为实现此目标，《规范》采用了简化的两阶段的设计方法。

第一阶段设计是承载力验算，按第一水准多遇地震烈度对应的地震作用效应和其他荷载效应的组合验算结构构件的承载能力和结构的弹性变形。

第二阶段设计是弹塑性变形验算，按第三水准罕遇地震烈度对应的地震作用效应验算结构的弹塑性变形。

通过第一阶段设计，将保证第一水准下的"小震不坏"要求。通过第二阶段设计，使结构满足第三水准的"大震不倒"要求。在设计中，通过良好的抗震构造措施使第二水准的要求得以实现，从而满足"中震可修"的要求。

在实际抗震设计中，只有对特殊要求的建筑、地震时易倒塌的结构及有明显薄弱层的不规则结构除进行第一阶段设计外，还要进行结构薄弱部位的弹塑性层间变形验算并采取相应的抗震构造措施，实现第三水准的设防要求。

1.3.3　抗震设防的分类和设防标准

根据建筑物使用功能的重要性不同，以及在地震中和地震后建筑物的损坏对社会和经济产生的影响大小和在抗震防灾中的作用，我国《建筑抗震设防分类标准》(GB 50223—2008)将建筑抗震设防分为甲、乙、丙、丁四个类别。

特殊设防类：是指使用上有特殊设施，涉及国家公共安全的重大建筑工程和地震时可能发生严重次生灾害等特别重大灾害后果，需要进行特殊设防的建筑。简称甲类。

重点设防类：是指地震时使用功能不能中断或需尽快恢复的与生命线相关的建筑，以及地震时可能导致大量人员伤亡等重大灾害后果，需要提高设防标准的建筑。简称乙类。

标准设防类：是指大量的除甲类、乙类、丁类以外按标准要求进行设防的建筑。简称丙类。

适度设防类：是指使用人员稀少且震损不致产生次生灾害，允许在一定条件下适度降低要求的建筑。如一般的仓库、人员较少的辅助建筑物等，简称丁类。

对于不同的抗震设防类别，在进行建筑抗震设计时，应采用不同的抗震设防标准，应符合表 1 - 9 的要求。

表 1-9 抗震设防标准

建筑的抗震设防类型	地震作用的确定	抗震措施
特殊设防类（甲类）	应按批准的地震安全评价的结果且高于本地区抗震设防烈度的要求确定其地震作用	应按高于本地区抗震设防烈度提高一度的要求加强其抗震措施；但抗震设防烈度为 9 度时应按比 9 度更高的要求采取措施。
重点设防类（乙类）		应按高于本地区抗震设防烈度提高一度的要求加强其抗震措施；但抗震设防烈度为 9 度时应按比 9 度更高的要求采取措施。
标准设防类（丙类）	应按本地区抗震设防烈度确定其地震作用。抗震设防烈度为 6 度时，除《规范》另有具体规定外，可不进行地震作用计算	按本地区抗震设防烈度确定其抗震措施，达到在遭遇高于当地抗震设防烈度的预估罕遇地震影响下不至于倒塌或发生危及生命安全的严重破坏的抗震设防目标。
适度设防类（丁类）		允许按本地区抗震设防烈度的要求适当降低抗震措施，但抗震设防烈度为 6 度时不应降低。

注：1. 对于重点设防类而规模很小的工业建筑，当改用抗震性能较好的材料且符合《规范》对结构体系的要求时，允许按标准设防类设防。2. 地震作用是指由地震动引起的结构动态作用，包括水平地震作用和竖向地震作用；抗震措施是指除地震作用计算和抗力计算以外的抗震设计内容，包括抗震构造措施。

1.4 抗震设防的基本要求

由于地震的随机性，加之建筑物的动力特性、所在场地、材料及结构内力的不确定性，地震时造成破坏的程度很难准确预测，为保证结构具有足够的抗震可靠度，在进行抗震设计时必须综合考虑多种因素的影响，着重从建筑物的总体上进行抗震设计，即抗震概念设计。抗震概念设计要考虑以下因素：场地条件和场地土的稳定性；建筑平、立面布置及外形尺寸；抗震结构体系的选取，抗侧力构件布置和结构质量的分布；非结构构件与主体结构的关系及二者之间的连接；材料与施工等。

1.4.1 建筑场地

地震造成建筑的破坏，除地震动直接引起结构破坏外，场地条件也是一个重要的原因，如地震引起的地表错动与地裂，地基土的不均匀沉陷、滑坡和粉、砂土液化等。因此抗震设防区的建筑工程选择场地时应做到：

（1）应选择对建筑抗震有利的地段，如开阔平坦的坚硬场地土或密实均匀的中硬场地土等地段。

（2）应避开对建筑抗震不利的地段，如软弱场地土、易液化土、条状突出的山嘴、高耸孤立的山丘、非岩质的陡坡、采空区、河岸和边坡的边缘，场地土在平面分布上的成因、岩性、状态明显不均匀(如古河道、断层破碎带、暗埋的塘浜沟谷及半挖半填地基等)等地段。当无法避开时，应采取有效的抗震措施。

(3)不在危险地段建造甲、乙、丙类建筑。建筑抗震危险地段，一般是指地震时可能发生滑坡、崩塌、地陷、地裂、泥石流等地段，发震断裂带上地震时可能发生地表错位地段。

建筑场地为Ⅰ类时(场地分类见第 2 章)，甲、乙类建筑仍按本地区抗震设防烈度的要求采取抗震构造措施；丙类建筑允许按本地区抗震设防烈度降低 1 度的要求采取抗震构造措施，但抗震设防烈度为 6 度时，仍应按本地区抗震设防烈度的要求采取抗震构造措施。

1.4.2　地基与基础设计

(1)同一结构单元不宜设置在性质截然不同的地基土上，也不宜部分采用天然地基，部分采用桩基。

(2)地基有软弱黏性土、可液化土、严重不均匀土层时，宜加强基层的整体性和刚性。

1.4.3　建筑设计和建筑结构的规则性

建筑设计应符合抗震概念设计的要求，建筑方案沿平面和高度的布置应符合《规范》规定的界限，不应采用严重不规则的设计方案。

建筑及其抗侧力结构的平面布置宜规则、对称、整体性较好，建筑的立面和竖向剖面宜规则，结构侧向刚度变化均匀，竖向抗侧力构件的截面尺寸和材料强度宜自下而上逐步减小，避免抗侧力结构的侧向刚度和承载力发生突变。

对平面不规则和竖向不规则类型的建筑结构应按《规范》要求进行水平地震作用计算和内力调整，并对薄弱部位采取有效的抗震构造措施。

对体型复杂、平立面特别不规则的建筑结构，要在适当部位设置防震缝，形成多个较规则的抗侧力结构单元。防震缝要留有足够的宽度，其两侧上部结构完全分开。当结构需要设置伸缩缝和沉降缝时，其宽度应符合防震缝的要求。

1.4.4　抗震结构体系

(1)应具有明确的计算简图和合理的地震作用传递途径。

(2)宜有多道抗震设防措施，避免因部分结构或构件失效而导致整个体系丧失抗震能力或丧失对重力的承载能力。

(3)应具备必要的抗震承载力、良好的变形能力和消耗地震能量的能力。

(4)应综合考虑结构体系的实际刚度和强度分布，避免因局部削弱或突变而形成薄弱部位，避免产生过大的应力集中或塑性变形集中，结构在两个主轴方向的动力特性宜相近，对可能出现的薄弱部位，宜采取措施改善其变形能力。

1.4.5　结构构件

抗震结构构件应力求避免脆性破坏。对砌体结构，宜采用钢筋混凝土构造柱和圈梁、芯柱、配筋砌体或钢筋混凝土和砌体组合柱。对钢筋混凝土构件，应通过合理的截面选择及合理的配筋，避免剪切破坏先于弯曲屈服，避免混凝土的受压破坏先于钢筋的屈服，避免钢筋锚固破坏先于构件破坏。对钢结构，构件应防止压屈、失稳，还应加强结构各构件之间的连接，以保证结构的整体性，抗震支撑系统应能保证地震时的结构稳定。

1.4.6 结构分析

除特殊规定外，建筑结构应进行多遇地震作用下的内力和变形分析。假定构件处于弹性工作状态，内力和变形分析可采用线性静力方法或线性动力方法。对不规则且有明显薄弱部位，地震时可能导致严重破坏的建筑结构，应按要求进行罕遇地震作用下的弹塑性变形分析，可采用静力弹塑性分析或弹塑性时程分析方法，或采用简化方法。

利用计算机进行结构抗震分析时，应确定合理的计算模型。对复杂结构进行内力和变形分析时，应取不少于两个不同的力学模型，并对其计算结果进行分析和比较。对所有计算机计算的结果，均须经分析确认其合理、有效后方可用于工程设计。

1.4.7 非结构构件

非结构构件包括建筑非结构构件和建筑附属机电设备。非结构构件及其与结构主体的连接均应进行抗震设计。对非结构构件，如女儿墙、围护墙、雨篷、门脸、封墙等，应注意其与主体结构有可靠的连接和锚固，避免地震时倒塌伤人；对围护墙和隔墙与主体结构的连接，应避免其不合理的设置而导致主体结构的破坏；应避免吊顶在地震时塌落伤人；应避免贴镶或悬挂较重的装饰物，或采取可靠的防护措施。

安装在建筑上的附属机械、电气设备系统的支座和连接应符合地震时使用功能的要求。

1.4.8 结构材料与施工质量

抗震结构对材料和施工质量的特别要求应在设计文件上注明，并应保证按其执行。对砌体结构所用材料、钢筋混凝土结构所用材料、钢结构所用钢材等的强度等级应符合最低要求。对钢筋接头及焊接质量应满足规范要求，对构造柱、芯柱及框架、砌体房屋纵墙及横墙的连接等应保证施工质量。

复习思考题

1. 地震按其成因分为哪几种类型？按震源深浅又分为哪几种类型？
2. 什么是地震波？地震波分为哪几种？
3. 什么是地震震级？什么是地震烈度？
4. 我国《建筑抗震设计规范》规定的抗震设防目标是什么？
5. 何为抗震概念设计？
6. 抗震设防分为哪几类？

第 2 章　场地、地基和基础

【学习目标】

1. 理解场地土类型，建筑场地的分类和选取原则；
2. 掌握等效剪切波速的计算；
3. 掌握场地土液化的判别、抗液化措施；
4. 熟悉桩基的抗震验算。

【读一读】

在地震作用下，场地下的地基和基础支撑着上部结构物传来的各种荷载，起着至关重要的作用，因此应该重视场地与地基和基础对建筑结构的影响。图 2-1 是地震作用下钢筋混凝土桩的桩身上部破坏实况。

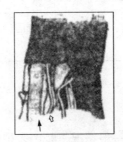

图 2-1　钢筋混凝土桩破坏实况

2.1　概述

场地，是指工程群体所在地，具有相似的反应谱特征，其范围相当于厂区、居民小区、自然村或不小于 $1.0\ km^2$ 的平面面积。从破坏性质和工程对策角度，地震对结构的破坏作用可分为两种类型：场地和地基的破坏作用，场地的震动作用。场地和地基的破坏作用一般是指造成建筑破坏的直接原因是由场地和地基的不稳定性引起的，一般是通过场地选择和地基处理来减轻地震灾害的。场地的地震动作用是指由于强烈的地面运动引起地面设施振动而产生的破坏作用，减轻它所产生的地震灾害的主要途径是合理地进行抗震和减震设计、采取减震措施。为了合理地选择建筑场地和合理地估计场地的地震动作用，必须对场地所在地段的抗震危险性及场地类别进行划分。

2.2 场地

多次震害调查发现,建筑场地的地质状况、地形地貌对建筑物破坏有很大影响,同一烈度区,不同场地上的建筑震害不同,工程地质条件对地震破坏的影响很大。常有地震烈度异常现象,即"重灾区里有轻灾,轻灾区里有重灾"。为了合理地选择建筑场地和合理地估计场地的动力放大效应以达到经济和安全的目的,必须对场地所在地段的抗震情况及场地类别进行划分。《规范》对地段类别的划分标准如表 2 – 1 所示。选择建筑场地时,宜选择对建筑有利的地段,避开对建筑抗震不利的地段,当无法避免时应采取适当的抗震措施。严禁在危险地段建造甲、乙类建筑,不应建造丙类建筑。

表 2 – 1 地段的划分

场地地段类别	地质、地形、地貌
有利地段	稳定基岩,坚硬土,开阔、平坦、密实、均匀的中硬土等
一般地段	不属于有利、不利和危险的地段
不利地段	软弱土,液化土,条状突出的山嘴,高耸孤立的山丘,非岩质的陡坡,河岸和边坡的边缘,平面分布上成因、岩性、状态明显不均匀的土层(如故河道、疏松的断层破裂带、暗埋的塘浜沟谷和半填半挖地基),高含水量的可塑性黄土,地表存在结构性裂缝等
危险地段	地震时可能发生滑坡、崩塌、地陷、地裂、泥石流等及发震断裂带上可能发生地表错位的部位

2.2.1 土层等效剪切波速

场地土是指场地范围内的地基土,一般情况下是由多种性质不同的土层组成。场地土的刚性一般用土层等效剪切波速表示。土层等效剪切波速是根据地震波通过计算深度范围内多层土层的时间等于该波通过计算深度范围内单一土层所需时间的原则求得。实际上土层等效剪切波速也就是计算深度土层内的一个平均剪切波速。

$$v_{se} = \frac{d_0}{t} \tag{2 – 1}$$

$$t = \sum_{i=1}^{n} \frac{d_i}{v_{si}} \tag{2 – 2}$$

式中:v_{se}——土层等效剪切波速,m/s;

d_0——计算深度,m,取覆盖层厚度和 20 m 两者的较小值;

d_i——第 i 土层的计算深度,m;

t——剪切波在地表至计算深度之间的传播时间,s;

v_{si}——计算深度范围内第 i 土层的剪切波速,m/s;

n——计算深度范围内土层的分层数。

2.2.2　土的类型划分

土层剪切波速的测量，应符合下列要求：

（1）在场地初步勘察阶段，对大面积的同一地质单元，测试土层剪切波速的钻孔数量不宜少于 3 个。

（2）在场地详细勘察阶段，对单幢建筑，测试土层剪切波速的钻孔数量不宜少于 2 个。测试数据变化较大时，可适量增加对小区中处于同一地质单元内的密集建筑群，测试土层剪切波速的钻孔数量可适量减少，但每幢高层建筑和大跨空间结构的钻孔数量均不得少于 1 个。

（3）对丁类建筑及丙类建筑中层数不超过 10 层、高度不超过 24 m 的多层建筑，当无实测土层剪切波速时，可根据岩土名称和性状，按表 2 - 2 划分土的类型，再利用当地经验在表 2 - 2 的土层剪切波速范围内估算各土层的剪切波速。

表 2 - 2　土的类型划分和土层剪切波速范围

土的类型	岩土名称和性状	土层剪切波速范围/$(\mathrm{m \cdot s^{-1}})$
岩石	坚硬、较硬且完整的岩石	$v_s > 800$
坚硬土或软质岩石	破碎和较破碎的岩石或软岩石，密实的碎石土	$500 < v_s \leqslant 800$
中硬土	中密、稍密的碎石土，密实、中密的砾、粗、中砂，$f_{ak} > 150$ kPa 的黏性土和粉土，坚硬黄土	$250 < v_s \leqslant 500$
中软土	稍密的砾、粗、中砂，除松散外的细、粉砂，$f_{ak} \leqslant 150$ kPa 的黏性土和粉土，$f_{ak} > 130$ kPa 的填土，可塑性黄土	$150 < v_s \leqslant 250$
软弱土	淤泥和淤泥质土，松散的砂，新近沉积的黏性土和粉土，$f_{ak} \leqslant 130$ kPa 的填土，流塑性黄土	$v_s \leqslant 150$

注：f_{ak} 为由载荷试验等方法得到的地基承载力特征值。

2.2.3　场地覆盖层厚度

由地面至剪切波速大于规定值的土层或坚硬土顶面的距离，也就是从地表面至地下基岩层的距离，即基岩土的埋深，称为建筑场地覆盖层厚度。一般情况下，覆盖层厚度越大，震害越严重。《规范》规定，建筑场地覆盖层厚度的确定，应符合下列要求：

（1）一般情况下，应按地面至剪切波速大于 500 m/s 且其下卧各层岩土的剪切波速均不小于 500 m/s 的土层顶面的距离确定。

（2）当地面 5 m 以下存在剪切波速大于相邻上层土剪切波速 2.5 倍的下卧土层，且下卧土层的剪切波速不小于 400 m/s 时，可按地面至该下卧土层顶面的距离确定。

（3）剪切波速大于 500 m/s 的孤石、透镜体，应视同周围土层。

（4）土层中的火山岩硬夹层应视为刚体，其厚度应从覆盖土层中扣除。

2.2.4　场地类别

建筑场地类别是场地条件的基本表征，场地条件对地震的影响已被大量地震观测记录所证实。建筑场地的类别划分，应以土层等效剪切波速和场地覆盖层厚度为准。根据土层等效剪切波速和场地覆盖层厚度可分为四类场地，其中Ⅰ类场地又分为I_0和I_1两个亚类，具体见表2-3。当有可靠的剪切波速和覆盖层厚度且其值处于所列场地类别的分界线附近时，即允许按插值方法确定地震作用计算所用的特征周期。

表2-3　各类建筑场地的覆盖层厚度

岩石的剪切波速或土层 等效剪切波速/(m·s^{-1})	建筑场地类别的覆盖层厚度/m				
	I_0	I_1	Ⅱ	Ⅲ	Ⅳ
$v_s > 800$	0				
$500 < v_s \leqslant 800$		0			
$250 < v_s \leqslant 500$		<5	≥5		
$150 < v_s \leqslant 250$		<3	3~50	>50	
$v_s \leqslant 150$		<3	3~15	15~80	>80

【例2-1】　已知某建筑场地，其钻孔地质资料如表2-4所示，试确定该场地的场地类别。

表2-4　建筑场地钻孔地质资料

土层底部深度/m	土层厚度/m	岩土名称	土层剪切波速/(m·s^{-1})
2.0	2.0	杂填土	210
4.8	2.8	粉土	290
9.0	4.2	中砂	390
16.0	7.0	碎石土	550

解：

(1)确定土层的计算深度。

因为地表9.0 m以下的土层剪切波速$v_s = 550$ m/s > 500 m/s，故场地覆盖层厚度$d_0 = 9.0$ m，又$d_0 < 20$ m，所以土层计算深度$d_0 = 9.0$ m。

(2)确定地面下9.0 m范围内土的类型，计算土层等效剪切波速v_{se}。

$$v_{se} = d_0 / \sum_{i=1}^{n} (d_i/v_{si}) = \frac{9}{(2.0/210 + 2.8/290 + 4.2/390)} = 301.1 \text{ m/s}$$

因为土层等效剪切波速250 m/s $< v_s \leqslant 500$ m/s，所以表层土属于中硬土。

(3)确定覆盖层厚度。

由表2-4可知9.0 m以下的土层为碎石土，土层剪切波速大于500 m/s，所以覆盖层厚度为9.0 m。

(4)确定建筑场地类别。

根据表层土的等效剪切波速为250 m/s $< v_s \leqslant 500$ m/s和覆盖层厚度取9.0 m(大于5 m)，查表2-3可知，该建筑场地类别属于Ⅱ类。

2.3　天然地基与基础的抗震验算

2.3.1　天然地基与基础抗震验算的一般原则

地基在地震作用下的稳定性对基础结构乃至上部结构的内力分布是比较敏感的,因此地震时,确保地基和基础始终能够承受上部结构传来的竖向地震作用、水平地震作用以及倾覆力矩作用,而不发生过大的沉陷或不均匀沉陷是地基和基础抗震设计的一个基本要求。根据震害规律,地基和基础的抗震设计是通过选择合理的基础体系、地基土的抗震承载能力验算、地基基础抗震措施来保证其抗震能力的。

《规范》规定下列建筑可不进行天然地基与基础的抗震承载力验算。

(1)《规范》规定可不进行上部结构抗震验算的建筑。

(2)地基主要受力层范围内不存在软弱黏性土层的下列建筑:

①一般的单层厂房和单层空旷房屋;

②砌体房屋;

③不超过 8 层且高度在 24 m 以下的一般民用框架和框架抗震墙房屋;

④基础荷载与第①项相当的多层框架厂房和多层混凝土抗震墙房屋。

注:软弱黏性土层指抗震防烈度为 7 度、8 度和 9 度时,地基承载力特征值分别为 80 kPa、100 kPa 和 120 kPa 的土层。

2.3.2　地基抗震承载力计算

天然地基与基础抗震验算时,应采用地震作用效应标准组合,且地基抗震承载力应取地基承载力特征值乘以地基抗震承载力调整系数计算。地基抗震承载力按下式计算:

$$f_{aE} = \zeta_a \cdot f_a \qquad (2-3)$$

式中:f_{aE}——调整后的地基抗震承载力,kPa;

ζ_a——地基抗震承载力调整系数,应按表 2-5 采用;

f_a——深、宽度修正后的地基承载力特征值,应按现行标准《规范》采用,kPa。

表 2-5　地基抗震承载力调整系数

岩土名称和性状	ζ_a
岩石,密实的碎石土,密实的砾、粗、中砂,$f_{ak} \geqslant 300$ kPa 的黏性土和粉土	1.5
中密、稍密的碎石土,中密和稍密的砾、粗、中砂,密实和中密的细、粉砂,150 kPa$\leqslant f_{ak} <$ 300 kPa 的黏性土和粉土,坚硬黄土	1.3
稍密的细、粉砂,100 kPa$\leqslant f_{ak} <$ 150 kPa 的黏性土和粉土,可塑性黄土	1.1
淤泥、淤泥质土,松散的砂、杂填土,新近堆积黄土,流塑性黄土	1.0

2.3.3 天然地基的抗震验算

验算天然地基在地震作用下的竖向承载力时,按地震作用效应标准组合的基础底面平均压力和基础边缘最大压力应符合下列各式要求:

$$\bar{p} \leqslant f_{aE} \qquad (2-4)$$
$$p_{max} \leqslant 1.2 f_{aE} \qquad (2-5)$$

式中:$\bar{p}$——地震作用效应标准组合的基础底面平均压力;

$\qquad p_{max}$——地震作用效应标准组合的基础边缘最大压力。

另外,高宽比大于4的高层建筑,在地震作用下基础底面不宜出现脱离区(零应力区);其他建筑,在地震作用下基础底面与地基土之间脱离区(零应力区)面积不应超过基础底面面积的15%。

2.4 场地土的液化判别及抗液化措施

2.4.1 地基土液化的概念

在地下水位以下的松散饱或砂土及饱和粉土受到地震作用时,土颗粒间有被压实的趋势,表现出土中孔隙水压力增高以及孔隙水向外运动,引起地面出现喷砂冒水现象,或因水分太多来不及排出,致使土颗粒处于悬浮状态,犹如"液体"一样的现象,称之为液化。

在强烈的地震作用下,饱和砂土及饱和粉土容易产生液化现象,当发生液化现象时其抗剪强度几乎等于零,地基承载能力完全丧失,建筑物如同处于液体之上,往往会造成下陷、浮起、倾倒、开裂等难以修复的破坏。可液化地基属于对建筑不利地基,应采取相应的抗震措施,提高其抗震能力。因此,判别可液化地基和选择液化措施,是建筑结构抗震设计中十分重要的问题。

2.4.2 地基土液化的因素和危害

1. 液化的因素

(1)土层的地质年代。

地质年代越古老的饱和砂土或粉土,其密实度和固结度等基本性能越好,因此就越不容易液化。

(2)土的组成与密实程度。

一般情况下,颗粒均匀单一的土比颗粒级配良好的土容易液化;土的密实度越大,越不容易液化;土的黏聚力越大,越不容易液化。

(3)土层的埋深。

砂土层的埋深越大,地下水位越深,其上的有效覆盖压力也越大,这样的砂土层就越不容易液化。

(4)地下水位。

土层液化必须有水,地下水位越深,越不容易液化。

（5）地震烈度和地震持续时间。

地震烈度越高，地震持续时间越长，饱和砂土层越容易发生液化。一般情况下，液化主要发生在地震烈度为 7 度及以上的地区。

2. 液化的危害

（1）室内地坪上鼓、开裂，设备基础上浮或下沉。

（2）液化时孔隙水压力增高，出现喷砂冒水现象，造成地面大面积沉降。

（3）液化时地面开裂下沉使建筑物产生过度下沉或整体倾斜，不均匀沉降引起建筑物上部结构破坏，使梁板等水平构件及其节点破坏，使墙体开裂和建筑物体变形开裂。

2.4.3　地基土液化的判别方法

饱和砂土和饱和粉土（不含黄土）的液化判别和地基处理：抗震设防烈度为 6 度时，一般情况下可不进行判别和处理，但对液化沉陷敏感的乙类建筑可按抗震设防烈度为 7 度的要求进行判别和处理；抗震设防烈度为 7~9 度时，乙类建筑可按本地区抗震设防烈度的要求进行判别和处理。此外，地面下存在饱和砂土及饱和粉土时，除抗震设防烈度为 6 度外，应进行液化判别；存在液化土层的地基，应根据建筑的抗震设防类别、地基的液化等级，结合具体情况采取相应的措施。

为了减少判别场地土液化的勘察工作量，我国学者提出了较为系统而实用的场地土液化两步判别法，即初步判别法和标准贯入试验判别法。凡经初步判别为不液化或可不考虑液化影响的场地土，原则上可不进行标准贯入试验的判别；当初步判别还不能排除场地土液化的可能性时，就要进行标准贯入试验的判别。

1. 初步判别法

《规范》规定，饱和的砂土或粉土（不含黄土），当符合下列条件之一时，可初步判别为不液化或可不考虑液化影响：

（1）地质年代为第四纪晚更新世（Q_3）及其以前时，可判为不液化。

（2）粉土的黏粒（粒径小于 0.005 mm 的颗粒）含量百分率在抗震设防烈度为 7 度、8 度和 9 度时分别不小于 10%、13%、16%，可判为不液化土。（其中用于液化判别的黏粒含量系采用六偏磷酸钠做分散剂测定，采用其他方法时应按有关规定换算。）

（3）浅埋天然地基的建筑，当上覆非液化土层厚度和地下水位深度符合下列条件之一时，可不考虑液化影响：

$$d_u > d_0 + d_b - 2 \qquad (2-6)$$
$$d_w > d_0 + d_b - 3 \qquad (2-7)$$
$$d_u + d_w > 1.5d_0 + 2d_b - 4.5 \qquad (2-8)$$

式中：d_w——地下水位深度，m，宜按设计基准期内年平均最高水位采用，也可按近期内最高水位采用；

d_u——上覆非液化土层厚度，m，计算时宜将淤泥和淤泥质土层扣除；

d_b——基础埋置深度，m，不超过 2 m 时应按 2 m 计；

d_0——液化土特征深度，m，可按表 2-6 采用。

表 2-6 液化土特征深度(m)

饱和土类别	抗震设防烈度		
	7 度	8 度	9 度
粉土/m	6	7	8
砂土/m	7	8	9

注:当区域的地下水位处于变动状态时,应按不利的情况考虑。

2. 标准贯入试验判别法

当饱和砂土、饱和粉土的初步判别认为需进一步进行液化判别时,应采用标准贯入试验判别法判别地面下 20 m 范围内土的液化;但对《规范》规定可不进行天然地基与基础的抗震承载力验算的各类建筑,可只判别地面下 15 m 范围内土的液化。当饱和土标准贯入锤击数(未经杆长修正)小于或等于液化判别标准贯入锤击数临界值时,应判为液化土。当有成熟经验时,尚可采用类比法或其他判别方法。

在地面下 20 m 深度范围内,液化判别标准贯入锤击数临界值可按下式计算:

$$N_{cr} = N_0\beta\left[\ln(0.6d_s + 1.5) - 0.1d_w\right]\sqrt{3/\rho_c} \qquad (2-9)$$

式中:N_{cr}——液化判别标准贯入锤击数临界值;

N_0——液化判别标准贯入锤击数基准值,可按表 2-7 采用;

d_s——饱和土标准贯入点深度,m;

d_w——地下水位深度,m;

ρ_c——黏粒含量百分率,当小于 3 或为砂土时,应采用 3;

β——调整系数,设计地震第一组取 0.80,第二组取 0.95,第三组取 1.05。

表 2-7 液化判别标准贯入锤击数基准值 N_0

设计基本地震加速度(g)	0.10	0.15	0.20	0.30	0.40
液化判别标准贯入锤击数基准值	7	10	12	16	19

3. 液化指数与液化等级

对存在液化砂土层、粉土层的地基,应探明各液化土层的深度和厚度,按下式计算每个钻孔的液化指数,并按表 2-8 综合划分地基的液化等级:

$$I_{LE} = \sum_{i=1}^{n}\left(1 - \frac{N_i}{N_{cri}}\right)d_i w_i \qquad (2-10)$$

式中:I_{LE}——液化指数。

n——在判别深度范围内每一个钻孔标准贯入试验点的总数。

N_i、N_{cri}——分别为 i 点标准贯入锤击数的实测值、临界值,当实测值大于临界值时应取临界值;当只需要判别 15 m 范围以内的液化时,15 m 以下的实测值可按临界值采用。

d_i——d_i 所代表的 i 土层厚度，m，可采用与该标准贯入试验点相邻的上、下两个标准
贯入试验点深度差的一半，但上界不高于地下水位深度，下界不深于液化深度。

W_i——i 土层单位土层厚度的层位影响权函数值，m^{-1}。当该层中点深度不大于 5 m 时
采用 10，等于 20 m 时采用零值，5～20 m 时采用线性内插法取值。

表 2-8　液化等级与液化指数的对应关系

液化等级	轻微	中等	严重
液化指数 I_{LE}	$0 < I_{LE} \leqslant 6$	$6 < I_{LE} \leqslant 18$	$I_{LE} > 18$

2.4.4　液化地基的抗震措施

当液化砂土层、粉土层较平坦且均匀时，宜按表 2-9 选用地基抗液化措施；尚可计入上
部结构重力荷载对液化危害的影响，根据液化震陷量的估计适当调整抗液化措施。不宜将未
经处理的液化土层作为天然地基持力层。

表 2-9　地基抗液化措施

建筑抗震设防类别	地基的液化等级		
	轻微	中等	严重
乙类	部分消除液化沉陷，或对基础和上部结构处理	全部消除液化沉陷，或部分消除液化沉陷且对基础和上部结构处理	全部消除液化沉陷
丙类	对基础和上部结构处理，亦可不采取措施	对基础和上部结构处理，或更高要求的措施	全部消除液化沉陷，或部分消除液化沉陷且对基础和上部结构处理
丁类	可不采取措施	可不采取措施	对基础和上部结构处理，或其他经济的措施

注：甲类建筑的地基抗液化措施应进行专门研究，但不宜低于乙类的相应要求。

1. 全部消除地基液化沉陷的措施

（1）采用桩基时，桩端伸入液化深度以下稳定土层中的长度（不包括桩尖部分），应按计
算确定，且对碎石土，砾、粗、中砂，坚硬黏性土和密实粉土不应小于 0.8 m，对其他非岩石
土不宜小于 1.5 m。

（2）采用深基础时，基础底面应埋入液化深度以下的稳定土层中，其深度不应小于
0.5 m。

（3）采用加密法（如振冲、振动加密、挤密碎石桩、强夯等）加固时，应处理至液化深度下
界；振冲或挤密碎石桩加固后，桩间土的标准贯入锤击数不宜小于《规范》第 2～7 条规定的

液化判别标准贯入锤击数临界值。

（4）用非液化土替换全部液化土层，或增加上覆非液化土层的厚度。

（5）采用加密法或换土法处理时，在基础边缘以外的处理宽度，应超过基础底面下处理深度的1/2且不小于基础宽度的1/5。

2. **部分消除地基沉陷的措施**

（1）处理深度应使处理后的地基液化指数减少，其值不宜大于5；大面积筏基、箱基的中心区域，处理后的液化指数可比上述规定降低1；对独立基础和条形基础，不应小于基础底面下液化土特征深度和基础宽度的较大值。

注：中心区域指位于基础外边界以内沿长宽方向距外边界大于相应方向1/4长度的区域。

（2）采用振冲或挤密碎石桩加固后，桩间土的标准贯入锤击数不宜小于按《规范》第2~7条规定的液化判别标准贯入锤击数临界值。

（3）采取减小液化震陷的其他方法，如增厚上覆非液化土层的厚度和改善周边的排水条件等。

3. **减轻液化影响的基础和上部结构处理**

减轻液化影响的基础和上部结构处理，可综合采用下列各项措施：

（1）选择合适的基础埋置深度。

（2）调整基础底面积，减少基础偏心。

（3）加强基础的整体性和刚度，如采用箱基、筏基或钢筋混凝土交叉条形基础，加设基础圈梁等。

（4）减轻荷载，增强上部结构的整体刚度和均匀对称性，合理设置沉降缝，避免采用对不均匀沉降敏感的结构形式等。

（5）管道穿过建筑处应预留足够尺寸或采用柔性接头等。

4. **进行抗滑验算，采用防土体滑动措施或结构抗裂措施**

在故河道以及临近河岸、海岸和边坡等有液化侧向扩展或流滑可能的地段内不宜修建永久性建筑，否则应进行抗滑动验算、采取防土体滑动措施或结构抗裂措施。

5. **地基中软弱黏性土层的震陷判别**

饱和粉质黏土震陷的危害性和抗震陷措施应根据沉降和横向变形大小等因素综合研究确定，抗震设防烈度为8度（0.30g）和9度时，当塑性指数小于15且符合下式规定的饱和粉质黏土可判为震陷性软土。

$$W_s \geq 0.9 W_L \qquad (2-11)$$
$$I_L \geq 0.75 \qquad (2-12)$$

式中：W_s——天然含水量；

W_L——液限含水量，采用液、塑限联合测定法测定；

I_L——液性指数。

地基主要受力层范围内存在软弱黏性土层和高含水量的可塑性黄土时，应结合具体情况综合考虑，采用桩基、地基加固处理或《规范》第3条的各项措施，也可根据软土震陷量的估计，采取相应措施。

2.5 桩基的抗震验算

2.5.1 桩基的震害

20 世纪 80 年代以前,桩基的震害资料积累较少,80 年代以后由于技术经济的发展,桩支撑的结构日益增加,地下检测手段如孔内照相、测斜技术的发展,桩基的震害资料逐渐增多,特别是 1995 年日本阪神大地震后对桩的破坏情况的多处揭露。

桩基的震害大体分下列类型:

(1)桩顶部震害。

如果桩周是刚度相对比较均匀的土层,桩的震害多在桩头,且以桩与承台的连接处为多,破坏形式多以上部结构惯性力造成的弯曲裂缝、剪切、压坏、拔脱为主。

(2)刚度相差大的土中软硬界面处的桩的破坏。

如果桩周是分层土且相邻的刚度相差较大,则软硬界面处弯矩与剪力均很大,可导致桩身弯、剪破坏。

(3)软土中的桩基震害。

如桩身埋在厚层软土中,地震时软土因触变摩阻力下降,使桩基产生刺入式震陷,如1985 年墨西哥城地震时一座 16 层高的大厦下桩基产生 3 ~ 4 m 的震陷。

(4)平时受较大水平荷载的桩。

如挡土墙下的桩或土坡上的桩,地震时土压力增加,受到了比平时更大的侧压力,因而易被破坏。桩基附近若有较大地面荷载,地震时土侧向挤压桩身而易被破坏。

(5)液化土中的桩基震害。

液化土中的桩比非液化土中的桩更不利,因此破坏比例更高。其桩基震害分为两种情况。第一种情况是液化而无侧向扩展。典型表现为:

①建筑周围喷砂冒水,土面下沉使桩承台与土脱空。

②桩长不足,悬在液化土中造成桩基下沉;或是由于桩深入下卧层长度不足,桩基失效。

③液化地基上的地面荷载在土液化时其地基失稳,挤推附近的桩,使桩折断。

第二种情况是液化且有侧向扩展。桩基承受的地震作用除与第一种情况类似外,还要承受液化土与非液化上覆土层滑移时的巨大推力,从而产生水平永久位移与不均匀沉降;以及桩头在液化层界面处因弯、剪作用很强而造成的塑性铰断或折断。

2.5.2 桩基不进行抗震验算的范围

震害表明,承受竖向荷载为主的低承台桩基,当地面下无液化土层,且桩基承台周围无淤泥、淤泥质土和地基承载力特征值不大于 100 kPa 的填土时,下列建筑可不进行桩基抗震承载力验算。

(1)抗震设防烈度为 7 度和 8 度时的下列建筑:

①一般的单层厂房和单层空旷房屋;

②不超过 8 层且高度在 24 m 以下的一般民用框架房屋;

③基础荷载与第②项相当的多层框架厂房和多层混凝土抗震墙房屋。

（2）砌体房屋和《规范》规定可不进行上部结构抗震验算的建筑，且采用桩基时可不进行验算。

2.5.3 低承台桩基抗震验算

液化土层的桩基抗震验算方法因桩与液化土的情况不同，一般分为下列两种情况。

（1）折减系数法验算。

当桩承台底面上、下分别有厚度不小于1.5 m、1.0 m的非液化土层或软弱土层时，可分别按下列两种情况进行桩的抗震验算，并按不利情况设计。

①桩承受全部地震作用。考虑到这种土体尚未充分液化，桩承载力可按非液化土中的桩基础规定的原则取用，但液化土的桩周摩阻力及桩水平抗力均应乘以表2-10中的折减系数。

表2-10 土层液化影响折减系数

实际标准贯入锤击数/临界标准贯入锤击数	深度 d_s/m	折减系数
≤0.6	$d_s \leq 10$	0
	$10 < d_s \leq 20$	1/3
0.6～0.8	$d_s \leq 10$	1/3
	$10 < d_s \leq 20$	2/3
0.8～1.0	$d_s \leq 10$	2/3
	$10 < d_s \leq 20$	1

②桩承受部分地震作用。此时，地震作用按水平地震影响系数最大值的10%采用，桩承载力仍可按单桩的竖向和水平向地震承载力特征值比非抗震设计时提高25%取用，但应扣除液化土层的全部摩阻力及桩承台下2 m深度范围内非液化土的桩周摩阻力。

（2）多桩基础验算。

当采用打入式预制桩及其他挤土桩，平均桩距为2.5～4倍桩径且桩数不少于5×5时，可计入打桩对土的加密作用及桩身对液化土变形限制的有利影响，按下列步骤进行验算。

①按静荷载设计确定的桩数和置换率，由下式计算打桩后桩间土的标准贯入锤击数。

$$N_1 = N_P + 100\rho(1 - e^{-0.3N_P}) \tag{2-13}$$

式中：N_1——打桩后的标准贯入锤击数；

ρ——打入式预制桩的面积置换率；

N_P——打桩前的标准贯入锤击数。

②判定桩间土的标准贯入锤击数值是否达到不液化的要求，即 $N_1 \geq N_{cr}$。若不满足，可增加桩数、减小桩间距或以碎石桩等方法加密桩间土，以满足要求。

③校核单桩的竖向和水平向承载力及桩身强度时，对单桩承载力不进行折减；但对桩尖持力层进行强度校核时，桩群外侧的应力扩散角应取零。

④将桩基视为墩基，墩的平面尺寸为桩平面的包络线，按地基规范校核下卧层地基强度。

2.5.4　桩基验算的其他规定

(1)处于液化土中的桩基承台周围,宜用非液化土填筑夯实,若用砂土或粉土则应使土层的标准贯入锤击数不小于液化判别标准贯入锤击数临界值。

(2)液化土中桩的配筋范围,应自桩顶至液化深度以下符合全部消除液化沉陷所要求的深度,其纵向钢筋应与桩顶部相同,箍筋应加密。

(3)在有液化侧向扩展的地段,距常时水线100 m范围内的桩基除应满足本节中其他规定外,尚应考虑土流动的侧向作用力,且承受侧向推力的面积应按边柱外缘间的宽度计算。

复习思考题

1. 什么是建筑场地?选择建筑场地的原则是什么?
2. 场地土有哪些类型?分类依据是什么?
3. 场地覆盖层厚度定义是什么?如何确定?
4. 什么是土的液化?影响土液化的因素有哪些?
5. 如何判别地基土的液化?地基液化的等级划分标准是什么?
6. 哪些建筑可以不进行天然地基和基础的抗震承载力验算?
7. 地基的抗液化措施都有哪些?

习　题

根据表2-11计算场地的等效剪切波速,并判断场地类别。

表2-11　土层剪切波速

土层厚度/m	1.8	6.0	7.8	4.5	2.7
$V_i/(\mathrm{m \cdot s^{-1}})$	180	200	250	400	500

第3章 地震作用和结构抗震验算

【学习目标】

1. 了解地震作用计算的主要思路与方法；
2. 理解反应谱计算地震作用的原理；
3. 掌握底部剪力法计算水平地震作用和竖向地震作用；
4. 掌握抗震验算的基本方法。

【读一读】

地震波引起场地的振动，这种振动是如何将能量传递给结构物的？如何较准确较方便地度量结构上的地震作用效应？本章将给予解答。

3.1 概述

3.1.1 地震作用与结构地震反应

地震释放的能量以地震波的形式传到地面，引起结构振动。由地震动引起的结构内力、变形、位移及结构运动速度、加速度等统称为结构地震反应。结构地震反应是一种动力反应，其大小（或振动幅值）不仅与地面运动有关，还与结构动力特性（自振周期、振型和阻尼）有关，一般需采用结构动力学方法分析才能得到。

结构的地震反应是地震动通过结构惯性作用引起的一种间接作用，我们将地震中由于地面加速度在结构上产生的惯性力称为结构的地震作用。工程上为应用方便，有时将地震作用等效为某种形式的荷载作用，可称为等效地震荷载。

结构抗震计算一般包括两个方面：一是确定结构在地震过程中所产生的地震作用，有水平地震作用和竖向地震作用之分。一般地，结构破坏主要是由于水平方向的地震作用引起的。二是计算在地震作用下结构各构件所产生的内力，并与竖向荷载及风荷载引起的内力进行作用效应组合后，再进行结构构件的抗震验算。

3.1.2 结构动力计算简图及体系自由度

1. 结构动力计算简图

结构的惯性力是由结构质量引起的，因此结构动力计算简图的核心内容是结构质量的描述。结构质量分布的简化方法有两种，一种是简化成连续的分布质量，另一种是简化成集中质量。如采用连续化方法来考虑结构的质量，必须建立结构的偏微分运动方程，求解和实际应用甚为不便；工程上常采用集中质量法来简化结构的质量，以此确定结构动力计算简图。

采用集中质量法确定结构动力计算简图时，需先定出结构质量集中位置。一般可取结构各区域主要质量的质心为质量集中位置，将该区域主要质量集中在该点上，忽略其他次要质量或将次要质量合并到相邻主要质量的质点上去。例如，对于水塔建筑大部分质量集中于塔的顶部，可将其简化为质量全部集中到塔顶的单质点体系，如图 3-1(a)所示；对于采用大型钢筋混凝土屋面板的厂房质量集中在屋盖部分，可将厂房各跨质量集中到各跨屋盖标高处，如图 3-1(b)所示；而对于多、高层建筑主要质量为各层楼盖部分，可将结构的质量集中到各层楼盖标高处，成为多质点结构体系，如图 3-1(c)所示；当结构无明显主要质量部分时，如图 3-1(d)所示烟囱，可将结构分成若干区域，而将各区域的质量集中到该区域的质心处，同样形成一多质点结构体系。

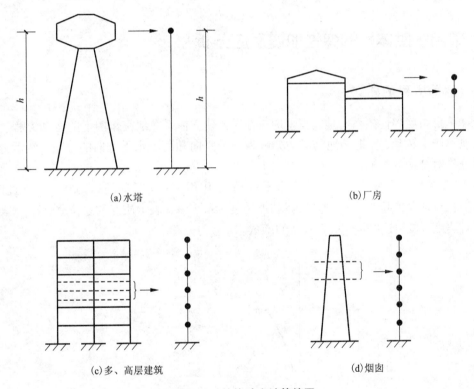

(a)水塔　　　　　　　　　　　　　　　(b)厂房

(c)多、高层建筑　　　　　　　　　　　(d)烟囱

图 3-1　结构动力计算简图

2. 体系的运动自由度

确定结构各质点运动的独立参数为结构运动的体系自由度。空间中的一个自由质点可以有三个独立位移，因此一个自由质点在空间有三个自由度。若限制质点在一个平面内运动，则一个自由质点有两个自由度。

结构体系上的质点，由于受到结构构件的约束，其自由度数可能小于自由质点的自由度数。例如，单质点若考虑结构的竖向约束作用而忽略质点竖向位移时，则该质点在平面内只有一个自由度，在空间内有两个自由度。

3.1.3 地震反应计算方法简介

目前，工程上计算结构地震作用的方法主要有两大类：一类是拟静力法，即反应谱法。它通过反应谱理论将地震作用对结构的影响用等效荷载来反映，然后用静力方法计算结构在等效荷载作用下的内力与位移，并进行结构抗震验算。反应谱法简单，便于手算，但精度欠理想。另一类为直接动力法，即时程分析法。它是在选定的地震地面加速度作用下，用数值积分的方法直接求解结构体系的运动微分方程，求出结构在地震作用下全过程的地震反应（位移、速度、加速度）与时间的变化关系。这种方法在结构抗震设计中充分考虑地震动幅值、频谱和地震持续时间对结构的影响，从单一的变形验算转变为同时考虑结构的最大弹塑性变形和结构的弹塑性耗能以判断结构的安全度。时程分析法精度高，既可以求解结构弹性体系振动，又可以计算强震下弹塑性体系地震作用，但运算量大，适合于计算机分析复杂结构。

3.2 单自由度体系的弹性地震反应分析

3.2.1 运动方程的建立

计算单自由度弹性体系的地震反应时，首先要建立体系在地震作用下的运动方程。一般假定场地不产生转动，而把场地的运动分解为一个竖向和两个水平方向的分量，然后分别计算这些分量对结构的影响。

图 3-2 为单质点弹性体系在地面水平运动 x_g 作用下在 t 时刻的运动状态。在此时刻，结构产生相对地面的位移为 x，速度为 $\dot{x}$ 和加速度为 $\ddot{x}$，$x_g + x$ 表示质点的总位移；$\dot{x}_g + \dot{x}$ 表示质点的绝对速度，显然这些量均为时间 t 的函数。

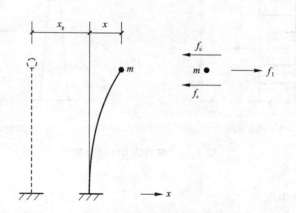

图 3-2 单自由度体系在地震下的受力与变形

若取质点 m 为隔离体，由结构动力学原理可知，作用在质点上的有三种力，即惯性力 f_I、阻尼力 f_c 和弹性恢复力 f_e。

由牛顿第二定律，惯性力是质点的质量 m 与绝对加速度 $[\ddot{x}_g + \ddot{x}]$ 的乘积，方向与质点运动加速度方向相反，即：

$$f_{\mathrm{I}} = m(\ddot{x}_{\mathrm{g}} + \ddot{x}) \tag{3-1}$$

阻尼力是一种使结构振动逐渐衰减的力，它由结构材料内分子摩擦及结构周围介质对结构运动的阻碍等因素造成，它将使得结构的振动能力受到损耗而导致其自由振动振幅逐渐衰减。按照黏滞阻尼理论，假定阻尼力与质点速度成正比，方向与运动速度相反，即：

$$f_{\mathrm{c}} = -c\,\dot{x} \tag{3-2}$$

弹性恢复力是使质点从振动位置恢复到平衡位置的力，由结构弹性变形产生。根据胡克（Hooke）定律，该力的大小与偏离平衡位置的位移成正比，方向与位移相反，即：

$$f_{\mathrm{r}} = -kx \tag{3-3}$$

根据达朗贝尔（D'Alembert）原理，物体在运动中的任一瞬间，作用在物体上的主动力、约束力和惯性力三者处于动平衡状态，即：

$$f_{\mathrm{I}} + f_{\mathrm{c}} + f_{\mathrm{r}} = 0 \tag{3-4a}$$

$$m\ddot{x} + c\dot{x} + kx = -m\ddot{x}_{\mathrm{g}} \tag{3-4b}$$

上式即为单自由度体系在水平地震作用下的运动微分方程，为一个常系数二阶非齐次线性微分方程。从表达式上看，相当于动力学中单质点弹性体系在动荷载 $-m\ddot{x}_{\mathrm{g}}$ 作用下的强迫振动。由此可知，地震时地面运动加速度$\ddot{x}_{\mathrm{g}}$对单自由度弹性体系引起的动力效应与在质点上作用一动力荷载 $-m\ddot{x}_{\mathrm{g}}$ 时所产生的动力效应相同。

将式（3-4b）两边同除以 m，得：

$$\ddot{x} + \frac{c}{m}\dot{x} + \frac{k}{m}x = -\ddot{x}_{\mathrm{g}} \tag{3-4c}$$

式中：$\omega = \sqrt{\dfrac{k}{m}}$（圆频率）；$\xi = \dfrac{c}{2\omega m}$（阻尼比）。

式（3-4c）即为所要建立的单质点弹性体系在地震作用下的运动微分方程。理论上，求解该方程即可得到该质点在任意时刻的地震反应。

3.2.2　运动方程的解

单自由度体系在水平地震作用下的运动微分方程为一个常系数二阶非齐次线性微分方程。其通解为它对应的齐次方程的通解和它的一个特解之和。

1. 方程的齐次解——自由振动解

单自由度运动方程（3-4c）对应的齐次方程为：

$$\ddot{x} + 2\omega\xi\dot{x} + \omega^2 x = 0 \tag{3-5}$$

式（3-5）即为单自由度弹性体系的自由振动运动方程。按齐次方程的求解方法，先求解对应的特征方程 $r^2 + 2\omega\xi r + \omega^2 = 0$ 的解：

$$r_1 = -\xi\omega + \omega\sqrt{\xi^2 - 1}\ ;\ r_2 = -\xi\omega - \omega\sqrt{\xi^2 - 1}$$

（1）若 $\xi > 1$，r_1、r_2 为负实数，方程解为：

$$x(t) = c_1 e^{r_1 t} + c_2 e^{r_2 t} \tag{3-6a}$$

（2）若 $\xi = 1$，$r_1 = r_2 = -\xi\omega$，方程解为：

$$x(t) = (c_1 + c_2 t) e^{-\xi\omega t} \tag{3-6b}$$

（3）若 $\xi < 1$，r_1、r_2 为共轭复数，方程解为：

$$x(t) = e^{-\xi\omega t}(c_1 \cos\omega_{\mathrm{D}} t + c_2 \sin\omega_{\mathrm{D}} t) \tag{3-6c}$$

式中：c_1、c_2 为待定系数，由初始条件确定；$\omega_D = \omega\sqrt{1-\xi^2}$ 为有阻尼时的振动频率。

显然，$\xi > 1$ 时，体系不产生振动，称为过阻尼状态；$\xi < 1$ 时，体系产生振动，称为欠阻尼状态；而 $\xi = 1$ 时，介于上述两种状态之间，称为临界阻尼状态，此时体系也不产生振动，如图 3-3 所示。

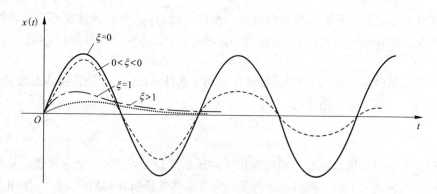

图 3-3　各种阻尼状态下单自由度体系的自由振动

一般工程结构阻尼较小，均为欠阻尼情形。为确定式(3-6c)中 c_1、c_2 待定系数，须考虑初始条件：初位移为 0：$x_0 = x(0)$；初速度为 0：$\dot{x}_0 = \dot{x}(0)$。由此可得：

$$c_1 = x_0 \qquad c_2 = \frac{\dot{x}_0 + \xi\omega x_0}{\omega_D}$$

将 c_1、c_2 代入式(3-6c)得体系自由振动位移时程为：

$$x(t) = e^{-\xi\omega t}\left[x_0\cos\omega_D t + \frac{\dot{x}_0 + \xi\omega x_0}{\omega_D}\sin\omega_D t \right] \tag{3-7a}$$

若不考虑阻尼($\xi = 0$)时，式(3-7a)简化为：

$$x(t) = x_0\cos\omega_D t + \frac{\dot{x}_0}{\omega_D}\sin\omega_D t \tag{3-7b}$$

由于 $\cos\omega_D t$、$\sin\omega_D t$ 均为简谐函数，因此无阻尼单自由度体系的自由振动为简谐振动，振动频率为 ω，而振动周期为 $T = \dfrac{2\pi}{\omega} = 2\pi\sqrt{\dfrac{m}{k}}$。因质量 m 和刚度 k 是结构固有的，因此无阻尼体系自振频率或周期也是体系固有的，称为固有频率与固有周期。同理，ω_D 为有阻尼单自由度体系的自振频率。一般结构阻尼比很小(0.01～0.1)，因此可简化认为 $\omega_D \approx \omega$。

由图 3-3 可知，无阻尼体系自由振动时振幅始终不变，而有阻尼体系自由振动的曲线则是一条逐渐衰减的波动曲线。有阻尼和无阻尼振动的重要区别在于有阻尼体系自振的振幅将随着阻尼消耗能量而逐步衰减，直至归零。

【例题 3-1】 已知一水塔结构，可简化为单自由度体系[图 3-1(a)]，$m = 10000$ kg，$k = 1$ kN/cm，求该结构的自振周期。

解：采用国际单位有

$$T = 2\pi\sqrt{\frac{m}{k}} = 2\pi\sqrt{\frac{10000}{1\times 10^3/10^{-2}}} = 1.99 \text{ s}$$

2. 方程的特解——简谐强迫振动

地震动一般为不规则往复运动, 如图 3 - 4 所示。为求一般地震地面运动作用下单自由度(弹性)体系运动方程的解, 可将地面运动分解为很多个脉冲运动(图 3 - 5)。设一个微脉冲在 $t = \tau - d\tau$ 开始作用, 作用时间为 $d\tau$, 此时微脉冲的大小为 $\ddot{x}_g(\tau)d\tau$。显然体系在微脉冲作用后仅产生自由振动, 体系位移由自由振动解确定。将初始条件 $x_0 = 0$, $\dot{x}_0 = \ddot{x}_g(\tau)d\tau$ 代入, 得任意 $t = \tau$ 时刻的地面运动脉冲 $\ddot{x}_g(\tau)d\tau$ 引起的体系反应:

$$dx(t) = \begin{cases} 0 & t < \tau \\ -e^{-\xi\omega(t-\tau)}\dfrac{\ddot{x}_g(\tau)d\tau}{\omega_D}\sin\omega_D(t-\tau) & t \geq \tau \end{cases} \quad (3-8a)$$

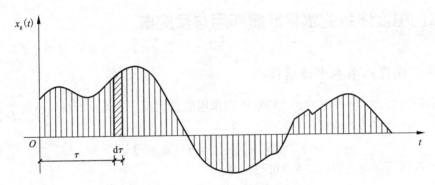

图 3 - 4　地面运动加速度时程曲线

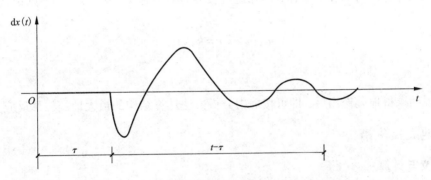

图 3 - 5　地面运动脉冲引起的单自由度体系反应

对于一般工程结构, $\omega_D \approx \omega$。体系在任意 t 时刻地震反应可由 $\tau = 0 \sim t$ 时段所有地面运动脉冲反应的叠加求得, 即:

$$X(t) = \int_0^t dx(t) = -\frac{1}{\omega_D}\int_0^t \ddot{x}_g(\tau)e^{-\xi\omega(t-\tau)}\sin\omega_D(t-\tau)d\tau \quad (3-8b)$$

式(3 - 6)即为单自由度体系运动方程一般地面运动强迫振动的一个特解, 称为杜哈密(Duhamel)积分。

3.2.3　方程的通解及物理意义

根据线性常微分方程解的结构, 有:

$$方程的通解 = 齐次解 + 特解$$

对于受地震作用的单自由度运动体系，上式的意义为：

$$体系地震反应 = 自由振动 + 强迫振动$$

单自由度体系微分方程式(3-4c)的通解应为式(3-7a)与式(3-8)之和。体系的自由振动由体系初位移和初速度引起，而体系的强迫振动由地面运动引起。注意到工程结构的初速度与初位移均为零，则通解中对应于自由振动的部分会由于阻尼的存在而迅速衰减，即体系地震反应中的自由振动项为零，可不考虑其影响。

因此，可仅取体系强迫振动项，即上述杜哈密(Duhamel)积分计算单自由度体系的地震位移反应。

3.3 单自由度体系的水平地震作用与反应谱

3.3.1 单自由度体系水平地震作用

对结构设计而言，感兴趣的是结构对地震作用的最大反应。为此，将质点所受最大惯性力定义为单自由度体系的地震作用，即：

$$F = \left| m(\ddot{x}_{\mathrm{g}} + \ddot{x}) \right|_{\max} = m \left| (\ddot{x}_{\mathrm{g}} + \ddot{x}) \right| \tag{3-9}$$

单自由度体系运动方程(3-4b)可改写为：

$$m(\ddot{x}_{\mathrm{g}} + \ddot{x}) = -(c\dot{x} + kx) \tag{3-10}$$

注意到物体运动时的一般规律，即加速度最大时对应速度最小($\dot{x} \to 0$)，则由式(3-4b)近似可得：

$$m(\ddot{x}_{\mathrm{g}} + \ddot{x}) = k \left| x \right|_{\max} \tag{3-11a}$$

即

$$F = k \left| x \right|_{\max} \tag{3-11b}$$

上式说明求得地震作用后，即可按静力分析方法计算结构的最大地震位移反应。

3.3.2 地震反应谱

1. 定义与计算

为便于求地震作用，将单自由度体系的地震最大绝对加速度反应与其自振周期 T 的关系定义为地震加速度反应谱，或简称地震反应谱，记为 $S_{\mathrm{a}}(T)$。

将地震位移反应表达式(3-8)微分两次得：

$$\ddot{x}(t) = \omega_{\mathrm{D}} \int_0^t \ddot{x}_{\mathrm{g}}(\tau) \mathrm{e}^{-\xi\omega(t-\tau)} \left\{ \left[1 - \left(\frac{\xi\omega}{\omega_{\mathrm{D}}} \right)^2 \right] \sin\omega_{\mathrm{D}}(t-\tau) + 2\frac{\xi\omega}{\omega_{\mathrm{D}}} \cos\omega_{\mathrm{D}}(t-\tau) \right\} \mathrm{d}\tau - \ddot{x}_{\mathrm{g}}(t)$$

$$\tag{3-12}$$

注意到结构阻尼比一般较小，$\omega_{\mathrm{D}} = \omega$，另外自振周期 $T = 2\pi/\omega$，可得：

$$S_{\mathrm{a}}(T) = \left| \ddot{x}_{\mathrm{g}}(t) + \ddot{x}(t) \right|_{\max} \approx \omega \left| \int_0^t \ddot{x}_{\mathrm{g}}(\tau) \mathrm{e}^{-\xi\omega(t-\tau)} \sin\omega(t-\tau) \mathrm{d}\tau \right|$$

$$= \frac{2\pi}{T} \left| \int_0^t \ddot{x}_{\mathrm{g}}(\tau) \mathrm{e}^{-\xi\frac{2\pi}{T}(t-\tau)} \sin\frac{2\pi}{T}(t-\tau) \mathrm{d}\tau \right|_{\max} \tag{3-13}$$

2. $S_a(T)$ 的意义与影响因素

地震(加速度)反应谱可理解为一个确定的地面运动,通过一组阻尼比相同但自振周期各不相同的单自由度体系,所引起的各体系最大加速度反应与相应体系自振周期间的关系曲线,如图 3-6 所示。

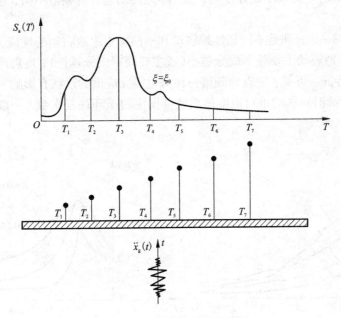

图 3-6　地震反应谱的确定

由 $S_a(T)$ 表达式(3-13)可知,影响地震反应谱的因素有两个:一是体系阻尼比,二是地震动模式。而地震动特性又包括振幅、频谱、持时三要素,此三要素同样也会影响到地震反应谱。

(1)一般结构体系阻尼比较小,体系地震加速度反应较大,因此地震反应谱值也会越大(图 3-7)。

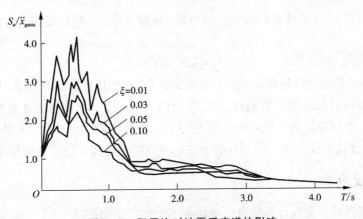

图 3-7　阻尼比对地震反应谱的影响

（2）单自由度振动系统为线性系统，振幅对地震反应谱的影响也是线性的，即振幅越大，地震反应谱值也越大，且它们之间呈线性比例关系。因此，地震动振幅仅对地震反应谱值大小有影响。

（3）地震动频谱可视为由不同频率简谐振动的叠加，由共振原理可知，地震反应谱的"峰"将分布在振动的主要频率成分段上。显然，地震动包含的频谱不同，地震反应的"峰"的位置也将不同。

图 3 – 8 和图 3 – 9 分别是不同场地地震动和不同震中距地震动的反应谱，反映了场地越软和震中距越大，地震动主要频率成分越小（或主要周期成分越长），地震反应谱的"峰"对应的周期也越长的特征。可见，地震动频谱特性对地震反应谱的形状有影响。

（4）地震动持续时间影响单自由度体系地震反应的循环往复次数，一般对其最大反应或地震反应谱影响不大。

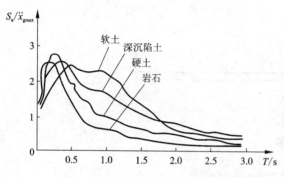

图 3 – 8　不同场地条件下的平均反应谱

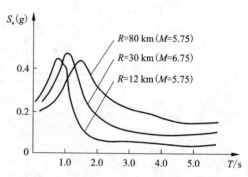

图 3 – 9　不同震中距条件下的平均反应谱

R—震中距；M—震级

3. 速度反应谱与位移反应谱

除加速度反应谱 $S_a(T)$ 外，也有速度反应谱 $S_v(T)$ 和位移反应谱 $S_d(T)$。

$$S_v(T) = |\dot{x}(t)|_{max} = \left| \int_0^t \ddot{x}_g(\tau) e^{-\xi\omega(t-\tau)} \sin\omega(t-\tau) d\tau \right|_{max} \qquad (3-14)$$

$$S_d(T) = |x(t)|_{max} = \frac{1}{\omega} \left| \int_0^t \ddot{x}_g(\tau) e^{-\xi\omega(t-\tau)} \sin\omega(t-\tau) d\tau \right|_{max} \qquad (3-15)$$

结合式（3 – 13），可见体系的加速度反应谱、速度反应谱、位移反应谱之间有如下近似关系：

$$S_a = \omega S_v = \omega^2 S_d \qquad (3-16)$$

可以看出，若给定地震地面运动的加速度记录 $\ddot{x}_g(\tau)$ 和体系的阻尼比 ξ，则 S_a、S_v、S_d 仅是体系圆频率 ω 或自振周期 T 的函数。以 S_a 为例，对应每一个单自由度弹性体系的自振周期 T 都可求得一个对应的最大绝对加速度 $S_a(T)$。以 T 为横坐标，以 S_a 为纵坐标，可以绘成 $S_a - T$ 曲线称为加速度反应谱。用同样的方法也可以绘出速度反应谱和位移反应谱。

3.3.3　设计反应谱

由地震反应谱可方便地计算单自由度体系水平地震作用：

$$F = m S_a(T) \qquad (3-17)$$

然而,地震反应谱除受体系阻尼比的影响外,还受地震动的振幅、频谱等因素影响,不同的地震记录得到的反应谱是不同的。当进行结构抗震设计时,由于无法预知今后发生地震的地震动时程,因而无法确定相应的地震反应谱。对某一地区历史记录及可能发生的若干地震反应谱进行综合分析研究而得到的可供结构抗震设计用的反应谱,称为设计反应谱。

为此,将式(3-17)改写成:

$$F = mS_a(T) = mg \frac{|\ddot{x}_g|_{max}}{g} \frac{S_a(T)}{|\ddot{x}_g|_{max}} = Gk\beta(T) \tag{3-18}$$

式中:G——体系的重量(代表值);

k——地震系数;

$\beta(T)$——动力系数。

1. 地震系数 k

地震系数 k 是地震动峰值加速度与重力加速度之比:

$$k = \frac{|\ddot{x}_g|_{max}}{g} \tag{3-19}$$

通过地震系数可将地震振幅对地震反应谱的影响分离出来。一般地,地面运动加速度峰值愈大,地震的影响就愈强烈,即地震烈度愈大,地震系数愈大。但是必须注意,地震烈度的大小不仅取决于地面运动最大加速度,而且还与地震的持续时间和地震波的频谱特性等有关。根据统计分析,地震烈度每增加一度,地震系数大致增加一倍(表3-1)。

表 3-1　地震系数 k 与地震烈度的关系

抗震设防烈度	6 度	7 度	8 度	9 度
地震系数 k	0.05	0.10(0.15)	0.20(0.30)	0.4

注:括号中的数值分别用于设计基本地震加速度为 0.15g 和 0.3g 的地区,g 为重力加速度。

2. 动力系数 β

动力系数 β 是单质点弹性体系在地震作用下反应谱加速度最大值与地面最大加速度之比,也就是质点最大地震反应加速度相较于地面最大加速度的放大倍数:

$$\beta = \frac{S_a}{|\ddot{x}_g|_{max}} \tag{3-20}$$

将式(3-13)代入式(3-20)得:

$$\beta(T) = \frac{\omega}{|\ddot{x}_g|_{max}} \left| \int_0^t \ddot{x}_g(\tau) e^{-\xi\omega(t-\tau)} \sin\omega(t-\tau) d\tau \right|_{max} \tag{3-21}$$

由于 $\beta(T)$ 值与地震烈度无关,$\beta(T)$ 实质为规则化的地震反应谱,不同的地震动记录 $|\ddot{x}_g|_{max}$ 不同时,$S_a(T)$ 不具备可比性,但 $\beta(T)$ 具备可比性。

经过一系列技术处理和平滑性处理后可制成动力系数谱曲线用于结构抗震设计。通过大量的分析计算,我国地震规范取最大的动力系数 β_{max} 为 2.25。

3. 地震影响系数

为简化计算,将上述地震系数 k 和动力系数 β 的乘积用 α 来表示,并称为地震影响系数,即

$$\alpha(T) = k\bar{\beta}(T) \qquad\qquad (3-22)$$

因为 $\alpha(T)$ 与 $\bar{\beta}(T)$ 仅相差一常数——地震系数,所以 $\alpha(T)$ 的物理意义与 $\bar{\beta}(T)$ 相同,也是一条设计反应谱。同时,$\alpha(T)$ 的现状与 $\bar{\beta}(T)$ 相同,如图 3-10 所示。

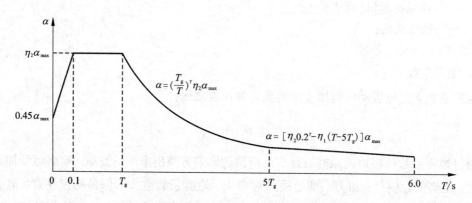

图 3-10 地震影响系数曲线($\alpha_{\max} = k\beta_{\max}$)

α—地震影响系数;$\alpha_{\max}$—地震影响系数最大值;η_1—直线下降段的下降斜率调整系数(当建筑结构阻尼比 $\zeta = 0.05$ 时,$\eta_1 = 0.02$;当 $\zeta \neq 0.05$ 时,$\eta_1 = 0.02 + (0.05 - \zeta)/4 + 32\zeta$);$\gamma$—衰减指数(当 $\zeta = 0.05$ 时,$\gamma = 0.9$;当 $\zeta \neq 0.05$ 时,$\gamma = 0.9 + \dfrac{0.05 - \zeta}{0.3 + 6\zeta}$);$T_g$—特征周期(按表 3-3 采用,罕遇地震作用应增加 0.05 s);η_2—阻尼调整系数(当 $\zeta = 0.05$ 时,$\eta_1 = 1.0$;当 $\zeta \neq 0.05$ 时,$\eta_2 = 1 + \dfrac{0.05 - \zeta}{0.08 + 1.6\zeta}$ 且不小于 0.55);T—结构自振周期(应根据具体结构计算)

建筑结构的地震影响系数应根据地震烈度、场地类别、设计地震分组和结构自振周期以及阻尼比确定。其水平地震影响系数最大值应按表 3-2 采用。

表 3-2 水平地震影响系数最大值

抗震设防烈度	6 度	7 度	8 度	9 度
多遇地震	0.04	0.08(0.12)	0.16(0.24)	0.32
罕遇地震	0.28	0.5(0.72)	0.9(1.20)	1.40

注:括号中的数值分别用于设计基本地震加速度为 $0.15g$ 和 $0.3g$ 的地区。

特征周期应根据场地类别和设计地震分组按表 3-3 采用。计算罕遇地震作用时,特征周期应增加 0.05 s。特别地,周期大于 6.0 s 的建筑结构所采用的地震影响系数应专门研究。

表 3 – 3　特征周期取值/s

设计地震分组	场地类别				
	I_0	I_1	II	III	IV
第一组	0.20	0.25	0.35	0.45	0.65
第二组	0.25	0.30	0.40	0.55	0.75
第三组	0.30	0.35	0.45	0.65	0.90

4. 重力荷载代表值

进行结构抗震设计时，所考虑的重力荷载称为重力荷载代表值。

结构的重力荷载分恒载(自重)和活载(可变荷载)两种。活载的变异性较大，我国荷载规范规定活载标准值按 50 年最大活载的平均值加 0.5 ~ 1.5 倍的均方差确定。而地震发生时，活载不一定达到标准值的水平，一般小于标准值，因此计算重力荷载代表值时可对活载进行折减，即

$$G_E = D_E + \sum \psi_{Ei} Q_{ki} \tag{3-23}$$

式中：G_E——重力荷载代表值；

　　　D_E——结构恒载标准值；

　　　Q_{ki}——结构或构件的第 i 个可变荷载标准值；

　　　ψ_{Ei}——第 i 个可变荷载的组合值系数，根据地震时的遇合概率确定，见表 3 – 4。

表 3 – 4　重力荷载代表值组合值系数

可变荷载种类		组合值系数
雪荷载		0.5
屋面积灰荷载		0.5
屋面活荷载		不计入
按实际情况考虑的楼面活荷载		1.0
按等效均布荷载考虑的楼面活荷载	藏书库、档案库	0.8
	其他民用建筑	0.5
吊车悬吊物重力	硬钩吊车	0.3
	软钩吊车	不计入

注：硬钩吊车的吊重较大时，组合值系数应按实际情况采用。

【例题 3 – 2】　结构同【例题 3 – 1】，位于 II 类场地第二组，基本烈度为 7 度(地震加速度为 0.10g)，阻尼比 $\zeta = 0.03$，求该结构在多遇地震下的水平地震作用。

解：查表 3 – 2，$\alpha_{max} = 0.08$；查表 3 – 3，$T_g = 0.4$ s。此时应考虑阻尼比对地震影响系数的调整。

$$\eta_2 = 1 + \frac{0.05 - \zeta}{0.08 + 1.6\zeta} = 1 + \frac{0.05 - 0.03}{0.08 + 1.6 \times 0.03} = 1.156$$

$$\gamma = 0.9 + \frac{0.05 - \zeta}{0.03 + 6\zeta} = 0.9 + \frac{0.05 - 0.03}{0.03 + 6 \times 0.03} = 0.995$$

由图 3-10 得

$$\alpha = \left(\frac{T_g}{T}\right)^{\gamma} \eta_2 \alpha_{max} = \left(\frac{0.4}{1.99}\right)^{0.995} \times 1.156 \times 0.08 = 0.0187$$

则

$$F = \alpha G = 0.0187 \times 10000 \times 9.8 = 1832.6 \text{ N}$$

3.4* 多自由度弹性体系的地震反应分析

3.4.1 多自由度弹性体系的运动方程

实际工程中的很多结构,应将其质量相对集中于若干高处,简化为多质点体系进行计算才能真实地反映其动力特性。我们先考虑两个自由度的情况。假定某两质点体系的结构在单向地震作用下某一瞬间的变形情况如图 3-11 所示。若取质点 1 做隔离体,有:

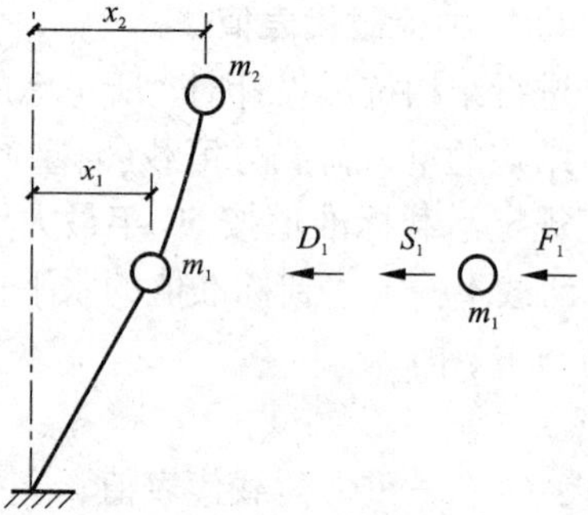

惯性力:

$$f_{I1} = -m_1(\ddot{x}_g + \ddot{x}_1) \qquad (3-24a)$$

阻尼力:

$$f_{c1} = -(c_{11}\dot{x}_1 + c_{12}\dot{x}_2) \qquad\qquad (3-24b)$$

弹性恢复力:

$$f_{r1} = -(k_{11}x_1 + k_{12}x_2) \qquad\qquad (3-24c)$$

式中:c_{ij}——质点 i 产生单位速度而质点 j 保持不动时,质点 i 处产生的阻尼力;

k_{ij}——质点 i 产生单位位移而质点 j 保持不动时,质点 i 处施加的水平力。

根据达朗贝尔原理,考虑质点 1 的动力平衡,可建立运动方程:

$$m_1\ddot{x}_1 + c_{11}\dot{x}_1 + c_{12}\dot{x}_2 + k_{11}x_1 + k_{12}x_2 = -m_1\ddot{x}_g$$
$$(3-25a)$$

同理,对质点 2 建立运动方程:

$$m_2\ddot{x}_2 + c_{21}\dot{x}_1 + c_{22}\dot{x}_2 + k_{21}x_1 + k_{22}x_2 = -m_2\ddot{x}_g$$
$$(3-25b)$$

由两自由度体系可推广到 n 自由度体系。在单向水平地面运动作用下,多自由度体系的变形如图 3-12 所示。设该体系各质点相对水平位移为 x_i ($i = 1, 2, \cdots, n$),作用在单个质点上的力同样还是惯性力、阻尼力、弹性恢复力。比照两自由度体系运动方程,针对每个质点分别列出相对应的运动方程,再将方程组改写成矩阵形式即为多自由度弹性体系的运动方程的一般形式:

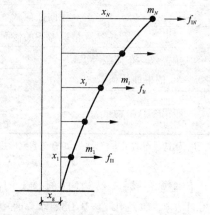

图 3-11 二自由度的瞬时动力平衡

图 3-12 多自由度体系的变形

注:本书标有 * 号的章节内容为选讲部分。

$$[M]\{\ddot{x}\} + [C]\{\dot{x}\} + [K]\{x\} = -[M]\{1\}\ddot{x}_g \qquad (3-26)$$

式中: $\{\ddot{x}\} = [\ddot{x}_1, \ddot{x}_2, \cdots, \ddot{x}_n]^{\mathrm{T}}$,相对水平加速度向量;

$\{\dot{x}\} = [\dot{x}_1, \dot{x}_2, \cdots, \dot{x}_n]^{\mathrm{T}}$,相对水平速度向量;

$\{x\} = [x_1, x_2, \cdots, x_n]^{\mathrm{T}}$,相对水平位移向量;

$$[M] = \begin{bmatrix} m_1 & & & \\ & m_2 & & \\ & & \ddots & \\ & & & m_n \end{bmatrix},\text{质量矩阵};$$

$$[K] = \begin{bmatrix} k_{11} & k_{12} & \cdots & k_{1n} \\ k_{21} & k_{22} & & k_{2n} \\ \vdots & & \ddots & \vdots \\ k_{n1} & k_{n2} & \cdots & k_{nn} \end{bmatrix},\text{刚度矩阵};$$

$$[C] = \begin{bmatrix} c_{11} & c_{12} & \cdots & c_{1n} \\ c_{21} & c_{22} & & c_{2n} \\ \vdots & & \ddots & \vdots \\ c_{n1} & c_{n2} & \cdots & c_{nn} \end{bmatrix},\text{阻尼矩阵}。$$

对于上述运动方程,一般常采用振型分解法求解,而用振型分解法求解时需要利用多自由度弹性体系的振型,它们是由分析体系的自由振动得到的。为此,必须先讨论多自由度体系的自由振动。

3.4.2 多自由度弹性体系的自由振动

1. 自由振动方程

研究自由振动可先不考虑阻尼的影响,令式(3-26)中阻尼矩阵$[C]=0$,此时体系不受地震作用,可令$\ddot{x}_g=0$。多自由度体系的自由振动方程为:

$$[M]\{\ddot{x}\} + [K]\{x\} = \{0\} \qquad (3-27)$$

根据单自由度自由振动解的形式,可设上述方程的解为:

$$\{x\} = \{\varphi\}\sin(\omega t + \varphi) \qquad (3-28)$$

式中: $\{\varphi\} = [\varphi_1, \varphi_2, \cdots, \varphi_n]^{\mathrm{T}}$,由各个质点自由振动的振幅组成的向量。

将自由振动的解求两次微分,得:

$$\{\ddot{x}\} = -\omega^2\{\varphi\}\sin(\omega t + \varphi) = -\omega^2\{x\} \qquad (3-29)$$

代入原方程,有:

$$-[M]\omega^2\{x\} + [K]\{x\} = \{0\} \qquad (3-30a)$$

即

$$([K] - \omega^2[M])\{x\} = \{0\} \qquad (3-30b)$$

上式实际是原微分方程表达的多自由度体系自由振动方程的代数方程形式,称之为动力特征方程。

2. 自振频率

求解代数方程(3-30b)可得多自由度体系的自振频率。考虑到$\{x\}$要有非零解($\{x\}=$

0，表明体系静止，与体系发生自由振动前提不符），根据线性方程组理论可知系数矩阵的行列式必为零，有：

$$|[\boldsymbol{K}] - \omega^2 [\boldsymbol{M}]| = 0 \qquad (3-31)$$

式(3-31)称为多自由度体系的动力特征值方程。由于刚度阵$[\boldsymbol{K}]$、质量阵$[\boldsymbol{M}]$均为常数矩阵，因此，式(3-31)实际上是ω^2的n次代数方程，将有n个解。每一个解ω_i($i=1$，2，$\cdots$，n)为原体系的一个自振圆频率，一个n自由度的体系将有n个自振圆频率，也就有n个自振周期。

下面仅以两个自由度的体系为例说明，式(3-31)可写成：

$$|[\boldsymbol{K}] - \omega^2 [\boldsymbol{M}]| = \begin{vmatrix} k_{11} - \omega^2 m_1 & k_{12} \\ k_{21} & k_{22} - \omega^2 m_2 \end{vmatrix}$$

$$= (k_{11} - \omega^2 m_1)(k_{22} - \omega^2 m_2) - k_{12}k_{21} = 0 \qquad (3-32)$$

解方程得：

$$\begin{matrix} \omega_1^2 \\ \omega_2^2 \end{matrix} = \frac{1}{2}\left(\frac{k_{11}}{m_1} + \frac{k_{22}}{m_2}\right) \mp \sqrt{\left[\frac{1}{2}\left(\frac{k_{11}}{m_1} + \frac{k_{22}}{m_2}\right)\right]^2 - \frac{k_{11}k_{22} - k_{12}k_{21}}{m_1 m_2}} \qquad (3-33)$$

可以证明，这两个根都是正的，它们就是体系的两个自振圆频率。其中最小圆频率ω_1称为第一自振圆频率或基本自振圆频率。

3. 主振型及振型的正交性

多自由度体系做自由振动时，存在n个自振圆频率ω。而体系以某一阶圆频率ω_i自由振动时，将有一组特定的振幅$\{\varphi_i\} = [\varphi_{i1}, \varphi_{i2}, \cdots, \varphi_{in-1}, \varphi_{in}]^{\mathrm{T}}$与之相应。显然，$\{\varphi_i\}$应满足动力特征方程：

$$([\boldsymbol{K}] - \omega_i^2 [\boldsymbol{M}])\{\varphi_i\} = \{0\} \qquad (3-34)$$

将振幅向量$\{\varphi_i\}$作如下表达：

$$\{\varphi_i\} = [\varphi_{i1}, \varphi_{i2}, \cdots, \varphi_{in-1}, \varphi_{in}]^{\mathrm{T}} = \varphi_{in}[\varphi_{i1}/\varphi_{in}, \varphi_{i2}/\varphi_{in}, \cdots, \varphi_{in-1}/\varphi_{in}, 1]^{\mathrm{T}}$$

$$= \varphi_{in}\left\{\begin{matrix} \{\overline{\varphi_i}\}_{n-1} \\ 1 \end{matrix}\right\} \qquad (3-35)$$

与$\{\varphi_i\}$相对应，用分块矩阵表达：

$$([\boldsymbol{K}] - \omega_i^2 [\boldsymbol{M}]) = \begin{bmatrix} [A_i]_{n-1} & \{B_i\}_{n-1} \\ \{B_i\}_{n-1}^{\mathrm{T}} & C_i \end{bmatrix}$$

原方程式(3-34)可表达为：

$$\varphi_{in}\begin{bmatrix} [A_i]_{n-1} & \{B_i\}_{n-1} \\ \{B_i\}_{n-1}^{\mathrm{T}} & C_i \end{bmatrix}\left\{\begin{matrix} \{\overline{\varphi_i}\}_{n-1} \\ 1 \end{matrix}\right\} = \{0\} \qquad (3-36)$$

展开得：

$$[A_i]_{n-1}\{\overline{\varphi_i}\}_{n-1} + \{B_i\}_{n-1} = \{0\} \qquad (3-37a)$$

$$\{B_i\}_{n-1}^{\mathrm{T}}\{\overline{\varphi_i}\}_{n-1} + C_i = 0 \qquad (3-37b)$$

由式(3-37a)可解得：

$$\{\overline{\varphi_i}\}_{n-1} = -[A_i]_{n-1}^{-1}\{B_i\}_{n-1} \qquad (3-38)$$

将式(3-38)代入式(3-37b)，可用以复验$\{\overline{\varphi_i}\}_{n-1}$求解结果的正确性。

φ_{in} 为与 ω_i 对应的振幅向量中第 n 质点的位移值，为防止混淆，不妨令：

$$\varphi_{in} = a_i; \qquad \left\{ \begin{array}{c} \{\overline{\varphi_i}\}_{n-1} \\ 1 \end{array} \right\} = \{\overline{\varphi_i}\}$$

则：

$$\{\varphi_i\} = a_i\{\overline{\varphi_i}\} \tag{3-39}$$

将式 (3-39) 代入式 (3-28)，得体系以 ω_i 频率自由振动的解为：

$$\{x\} = a_i\{\overline{\varphi_i}\}\sin(\omega_i t + \varphi) \tag{3-40}$$

向量 $\{\overline{\varphi_i}\}$ 各元素的值是确定的，说明多自由度体系自由振动时，各质点在任意时刻位移幅值的比值是一定的，不随时间而变化，即体系在自由振动过程中的形状保持不变。

因此，把反应自由振动形状的向量 $\{\varphi_i\} = a_i\{\overline{\varphi_i}\}$ 称为振型。因 $\{\varphi_i\}$ 与体系第 i 阶自振圆频率相应，故 $\{\varphi_i\}$ 也称为第 i 阶主振型，或简称为振型。

【例题 3-3】　三层剪切型结构如图 3-13 所示，求该结构的自振圆频率和振型。

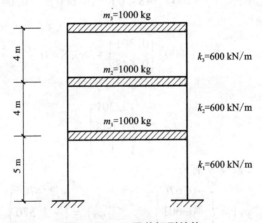

图 3-13　三层剪切型结构

解：该结构为 3 自由度体系，质量矩阵和刚度矩阵分别为

$$[M] = \begin{bmatrix} 2 & 0 & 0 \\ 0 & 1.5 & 0 \\ 0 & 0 & 1 \end{bmatrix} \times 10^3 \text{ kg}$$

$$[K] = \begin{bmatrix} 3 & -1.2 & 0 \\ -1.2 & 1.8 & -0.6 \\ 0 & -0.6 & 0.6 \end{bmatrix} \times 10^6 \text{ N/m}$$

先由特征值方程求自振圆频率，令

$$B = \frac{\omega^3}{600}$$

得

$$|[K] - \omega^2[M]| = \begin{vmatrix} 5-2B & -2 & 0 \\ -2 & 3-1.5B & -1 \\ 0 & -1 & 1-B \end{vmatrix} = 0$$

展开得

$$B^2 - 5.5B^2 + 7.5B - 2 = 0$$

解得

$$B_1 = 0.351 \qquad B_2 = 1.61 \qquad B_3 = 3.54$$

从而由 $\omega = \sqrt{600B}$ 得

$$\omega_1 = 14.5 \text{ rad/s} \qquad \omega_2 = 31.3 \text{ rad/s} \qquad \omega_3 = 46.1 \text{ rad/s}$$

为求第一振型，将 $\omega_1 = 14.5$ rad/s 代入

$$([K] - \omega^2[M]) = \begin{vmatrix} 2579.5 & -1200 & 0 \\ -1200 & 1484.6 & -600 \\ 0 & -600 & 389.8 \end{vmatrix}$$

由式(3-38)得

$$\begin{Bmatrix} \overline{\varphi}_{11} \\ \overline{\varphi}_{12} \end{Bmatrix} = -\begin{Bmatrix} 2579.5 & -1200 \\ -1200 & 1484.6 \end{Bmatrix}^{-1} \begin{Bmatrix} 0 \\ -600 \end{Bmatrix} = \begin{Bmatrix} 0.301 \\ 0.648 \end{Bmatrix}$$

代入式(3-37b)校核

$$\begin{bmatrix} 0 & -600 \end{bmatrix} \begin{Bmatrix} 0.301 \\ 0.648 \end{Bmatrix} + 389.8 \approx 0$$

则第一振型为

$$\{\overline{\varphi}_1\} = \begin{Bmatrix} 0.301 \\ 0.648 \\ 1 \end{Bmatrix}$$

同样可求得第二、第三振型分别为

$$\{\overline{\varphi}_2\} = \begin{Bmatrix} -0.676 \\ -0.601 \\ 1 \end{Bmatrix} \qquad \{\overline{\varphi}_3\} = \begin{Bmatrix} 2.470 \\ -2.570 \\ 1 \end{Bmatrix}$$

各阶振型用图形表示如图3-14所示。

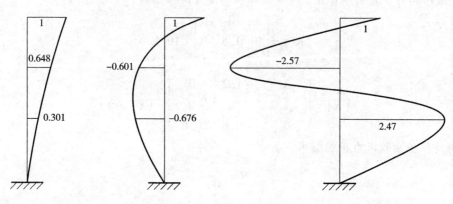

图3-14 结构各阶振型图

通常，体系有多少个自由度就有多少个频率，相应的就有多少个主振型，它们是体系的

48

固有特性。对应于 ω_i（或 T_i）的振型称为第一振型或基本振型，其他各阶振型统称为高阶振型。

多自由度体系动力特征方程(3-30b)对于任意的第 i 阶和第 j 阶频率和振型均应成立，原方程可改写为：

$$[K]\{\varphi_i\} = \omega_i^2[M]\{\varphi_i\} \qquad (3-41a)$$

$$[K]\{\varphi_j\} = \omega_j^2[M]\{\varphi_j\} \qquad (3-41b)$$

对式(3-41a)两边左乘 $\{\varphi_j\}^T$，并对(3-41b)式两边左乘 $\{\varphi_i\}^T$，得

$$\{\varphi_j\}^T[K]\{\varphi_i\} = \omega_i^2\{\varphi_j\}^T[M]\{\varphi_i\} \qquad (3-42a)$$

$$\{\varphi_i\}^T[K]\{\varphi_j\} = \omega_j^2\{\varphi_i\}^T[M]\{\varphi_j\} \qquad (3-42b)$$

将式(3-42b)两边转置，并注意刚度矩阵和质量矩阵的对称性，得：

$$\{\varphi_j\}^T[K]\{\varphi_i\} = \omega_j^2\{\varphi_j\}^T[M]\{\varphi_i\} \qquad (3-42c)$$

式(3-42a)减去式(3-42c)，得：

$$(\omega_i^2-\omega_j^2)\{\varphi_j\}^T[M]\{\varphi_i\} = 0 \qquad (3-43)$$

如 $i\neq j$，则 $\overline{\omega}_i\neq\overline{\omega}_j$，由式(3-43)可得：

$$\{\varphi_j\}^T[M]\{\varphi_i\} = 0 \quad i\neq j \qquad (3-44a)$$

式(3-44a)说明体系的任意两个不同振型向量关于质量矩阵 $[M]$ 正交。其物理意义是某一振型在振动过程中所引起的惯性力不在其他振型上做功，这一振型的动能不会转移到其他振型上去，即体系按某一振型作自由振动时不会激起该体系其他振型的振动。

将式(3-43)代入式(3-42a)得：

$$\{\varphi_j\}^T[K]\{\varphi_i\} = 0 \quad i\neq j \qquad (3-44b)$$

式(3-44b)说明体系的任意两个不同振型向量关于刚度矩阵 $[K]$ 正交。其物理意义是体系按某一振型振动引起的弹性恢复力在其他振型的位移上所做的功之和为零，即体系按某一振型振动时，它的位移不会转移到其他振型上去。

上述两个关于振型的正交性十分重要，利用它们可以将一组相互耦合的微分方程组解耦，进而为求解多自由度体系地震作用提供了途径——振型分解法。

3.4.3　振型分解法

1. 运动方程的求解
由振型的正交性可知，振型位移向量 $\{\varphi_1\}$，$\{\varphi_2\}$，…，$\{\varphi_n\}$ 相互独立，根据线性代数理论，n 自由度(维)位移向量 $\{x\}$ 总可以表示为 n 个独立振型位移向量的线性组合，则体系地震位移反应向量 $\{x\}$ 可表示成：

$$\{x\} = \sum_{j=1}^n q_j\{\varphi_j\} \qquad (3-45a)$$

其中 $q_j(j=1,2,\cdots,n)$ 称为振型正则坐标，当 $\{x\}$ 一定时，q_j 具有唯一解(坐标变换)。

注意到 $\{x\}$ 为时间的函数，则 q_j 也是时间的函数，分别对时间求两阶导有：

$$\{\dot{x}\} = \sum_{j=1}^n \dot{q}_j\{\varphi_j\} \qquad (3-45b)$$

$$\{\ddot{x}\} = \sum_{j=1}^n \ddot{q}_j\{\varphi_j\} \qquad (3-45c)$$

完成坐标变换后，原多自由度体系运动方程式(3-26)可写成：

$$\sum_{j=1}^{n}([M]\{\varphi_j\}\ddot{q}_j + [C]\{\varphi_j\}\dot{q}_j + [K]\{\varphi_j\}q_j) = -[M]\{1\}\ddot{x}_g \qquad (3-46)$$

两边同时左乘$\{\varphi_i\}^{\mathrm{T}}$，得：

$$\sum_{j=1}^{n}(\{\varphi_i\}^{\mathrm{T}}[M]\{\varphi_j\}\ddot{q}_j + \{\varphi_i\}^{\mathrm{T}}[C]\{\varphi_j\}\dot{q}_j + \{\varphi_i\}^{\mathrm{T}}[K]\{\varphi_j\}q_j) = -\{\varphi_i\}^{\mathrm{T}}[M]\{1\}\ddot{x}_g$$

$$(3-47)$$

注意到振型关于质量矩阵$[M]$、刚度矩阵$[K]$矩阵正交式(3-44a)、式(3-44b)，并设关于阻尼矩阵$[C]$也正交，即：

$$\{\varphi_i\}^{\mathrm{T}}[C]\{\varphi_j\}^{\mathrm{T}} = 0 \qquad\qquad i \neq j \qquad (3-48)$$

则方程(3-47)可转化为关于正则坐标$\{q_j\}$的表达形式：

$$\{\varphi_i\}^{\mathrm{T}}[M]\{\varphi_i\}\ddot{q}_i + \{\varphi_i\}^{\mathrm{T}}[C]\{\varphi_i\}\dot{q}_i + \{\varphi_i\}^{\mathrm{T}}[K]\{\varphi_i\}q_i = -\{\varphi_i\}^{\mathrm{T}}[M]\{1\}\ddot{x}_g \quad (3-49)$$

将式(3-41a)两边左乘$\{\varphi_i\}^{\mathrm{T}}$

$$\{\varphi_i\}^{\mathrm{T}}[K]\{\varphi_i\} = \omega_i^2\{\varphi_i\}^{\mathrm{T}}[M]\{\varphi_i\} \qquad (3-50)$$

则可得：

$$\omega_i^2 = \frac{\{\varphi_i\}^{\mathrm{T}}[K]\{\varphi_i\}}{\{\varphi_i\}^{\mathrm{T}}[M]\{\varphi_i\}} \qquad (3-51)$$

令：

$$2\omega_i\xi_i = \frac{\{\varphi_i\}^{\mathrm{T}}[C]\{\varphi_i\}}{\{\varphi_i\}^{\mathrm{T}}[M]\{\varphi_i\}} \qquad (3-52)$$

$$\gamma_i = \frac{\{\varphi_i\}^{\mathrm{T}}[M]\{1\}}{\{\varphi_i\}^{\mathrm{T}}[M]\{\varphi_i\}} \qquad (3-53)$$

将式(3-49)两边同除以$\{\varphi_i\}^{\mathrm{T}}[M]\{\varphi_i\}$，得：

$$\ddot{q}_i + 2\omega_i\xi_i\dot{q}_i + \omega_i^2 q_i = -\gamma_i\ddot{x}_g \qquad (3-54)$$

式(3-54)与单自由度体系的运动方程相同。可见，原n自由度体系的n维联立运动微分方程被分解为n个独立的关于正则坐标的单自由度体系运动微分方程，各单自由度体系的自振频率为原多自由度体系的各阶频率，相应$\xi_i(i=1,2,\cdots,n)$为原体系各阶阻尼比，而γ_i为原体系i阶振型的参与系数。

运用杜哈密积分即可求解上式：

$$q_i(t) = -\frac{1}{\omega_{iD}}\int_0^t \gamma_i\ddot{x}_g(\tau)\mathrm{e}^{-\xi_i\omega_i(t-\tau)}\sin\omega_{iD}(t-\tau)\mathrm{d}\tau = \gamma_i\Delta_i(t) \qquad (3-55)$$

其中：

$$\omega_{iD} = \omega_i\sqrt{1-\xi_i^2} \qquad (3-56)$$

显然，$\Delta_i(t)$是阻尼比为ξ_i、自振频率为ω_i的单自由度体系的地震位移反应。

将式(3-55)代入式(3-45a)，即：

$$\{x(t)\} = \sum_{j=1}^{n}\gamma_j\Delta_j(t)\{\varphi_j\} = \sum_{j=1}^{n}\{x_j(t)\} \qquad (3-57)$$

其中：

$$\{x_j(t)\} = \gamma_j\Delta_j(t)\{\varphi_j\} \qquad (3-58)$$

因 $\{x_j(t)\}$ 仅与体系的第 j 阶自振特性有关，故称 $\{x_j(t)\}$ 为体系的第 j 阶振型地震反应。由式(3-57)可知，多自由度体系的地震反应可通过分解为各阶振型地震反应求解，故称为振型分解法。

2. 阻尼矩阵的处理

由前所述，振型关于阻尼矩阵 $[C]$ 的正交条件是假定的。事实上，振型关于 $[C]$ 的正交性是有条件的，不是任何形式的阻尼矩阵均满足正交条件。为使阻尼矩阵具有正交性，可采用如下瑞雷(Rayleigh)阻尼矩阵形式。

$$[C] = a[M] + b[K] \tag{3-59}$$

因 $[M]$、$[K]$ 均具有正交性，故瑞雷阻尼矩阵也一定具有正交性。为确定待定系数 a、b，任取体系两阶振型 $\{\varphi_i\}$、$\{\varphi_j\}$，关于式(3-59)作如下运算

$$\{\varphi_i\}^{\mathrm{T}}[C]\{\varphi_i\} = a\{\varphi_i\}^{\mathrm{T}}[M]\{\varphi_i\} + b\{\varphi_i\}^{\mathrm{T}}[K]\{\varphi_i\} \tag{3-60a}$$

$$\{\varphi_j\}^{\mathrm{T}}[C]\{\varphi_j\} = a\{\varphi_j\}^{\mathrm{T}}[M]\{\varphi_j\} + b\{\varphi_j\}^{\mathrm{T}}[K]\{\varphi_j\} \tag{3-60b}$$

将式(3-60a)、式(3-60b)两边分别同除以 $\{\varphi_i\}^{\mathrm{T}}[M]\{\varphi_i\}$ 和 $\{\varphi_j\}^{\mathrm{T}}[M]\{\varphi_j\}$，并代入式(3-51)、式(3-52)，得

$$2\omega_i\xi_i = a + b\omega_i^2 \tag{3-61a}$$

$$2\omega_j\xi_j = a + b\omega_j^2 \tag{3-61b}$$

由上两式可解得

$$a = \frac{2\omega_i\omega_j(\xi_i\omega_j - \xi_j\omega_i)}{\omega_j^2 - \omega_i^2} \tag{3-62a}$$

$$b = \frac{2(\omega_j\xi_j - \omega_i\xi_i)}{\omega_j^2 - \omega_i^2} \tag{3-62b}$$

实际计算时，可取对结构地震反应影响最大的两个振型的频率，并取 $\xi_i = \xi_j$。一般情况下可取前两阶振型，即 $i=1$，$j=2$ 计算。

3.5　多自由度弹性体系水平地震作用实用计算

3.5.1　振型分解反应谱法

1. 一个有用的表达式

由于各阶振型 $\{\varphi_i\}$（$i=1,2,\cdots,n$）是相互独立的向量，则可将单位向量 $\{1\}$ 表示成 $\{\varphi_1\}$，$\{\varphi_2\}$，$\cdots$，$\{\varphi_n\}$ 的线性组合，即

$$\{1\} = \sum_{i=1}^{n} a_i\{\varphi_i\} \tag{3-63}$$

其中 a_i 为待定系数。将式(3-63)两边左乘 $\{\varphi_j\}^{\mathrm{T}}[M]$，同时注意振型具备正交性，有

$$\{\varphi_j\}^{\mathrm{T}}[M]\{1\} = \sum_{i=1}^{n} a_i\{\varphi_j\}^{\mathrm{T}}[M]\{\varphi_i\} = a_j\{\varphi_j\}^{\mathrm{T}}[M]\{\varphi_j\} \tag{3-64}$$

解得

$$a_j = \frac{\{\varphi_j\}^{\mathrm{T}}[M]\{1\}}{\{\varphi_j\}^{\mathrm{T}}[M]\{\varphi_j\}} = \gamma_j \tag{3-65}$$

将式(3-65)代入式(3-63)，得如下重要表达式

$$\sum_{i=1}^{n} \gamma_i \{\varphi_i\} = \{1\} \qquad (3-66)$$

2. 质点 i 任意时刻的地震惯性力

多自由度体系中某质点 i 任意时刻的水平相对位移可由地震反应的解式(3-58)直接写得

$$x_i(t) = \sum_{j=1}^{n} \gamma_j \Delta_j(t) \varphi_{ji} \qquad (3-67)$$

式中：φ_{ji}——振型 j 在质点 i 处的振型位移。

则质点 i 在任意时刻的水平相对加速度为

$$\ddot{x}_i(t) = \sum_{j=1}^{n} \gamma_j \ddot{\Delta}_j(t) \varphi_{ji} \qquad (3-68)$$

由式(3-66)，将水平地面运动加速度表达成

$$\ddot{x}_g(t) = \left(\sum_{j=1}^{n} \gamma_j \varphi_{ji} \right) \ddot{x}_g(t) \qquad (3-69)$$

质点 i 任意时刻的水平地震惯性力为

$$f_i = -m_i[\ddot{x}_i(t) + \ddot{x}_g(t)] = -m_i \left[\sum_{j=1}^{n} \gamma_j \ddot{\Delta}_j(t) \varphi_{ji} + \sum_{j=1}^{n} \gamma_j \ddot{x}_g(t) \varphi_{ji} \right]$$

$$= -m_i \sum_{j=1}^{n} \gamma_j \varphi_{ji} [\ddot{\Delta}_j(t) + \ddot{x}_g(t)] = \sum_{j=1}^{n} f_{ji} \qquad (3-70)$$

式中：f_{ji}——质点 i 的第 j 振型水平地震惯性力。

$$f_{ji} = -m_i \gamma_j \varphi_{ji} [\ddot{\Delta}_j(t) + \ddot{x}_g(t)] \qquad (3-71)$$

3. 质点 i 的第 j 振型水平地震作用

将质点 i 的第 j 振型水平地震作用定义为该阶振型最大惯性力，即

$$F_{ji} = |f_{ji}|_{\max} \qquad (3-72)$$

将式(3-71)代入式(3-72)，得

$$F_{ji} = -m_i \gamma_j \varphi_{ji} |\ddot{\Delta}_j(t) + \ddot{x}_g(t)|_{\max} \qquad (3-73)$$

注意到 $\ddot{\Delta}_j(t) + \ddot{x}_g(t)$ 是对应于自振频率 ω_j、阻尼比 ζ_j 的单自由度体系的地震绝对加速度反应，可应用设计反应谱并将质点 i 的第 j 振型水平地震作用表达为

$$F_{ji} = m_i \gamma_j \varphi_{ji} S_a(T_j) \qquad (3-74a)$$

或

$$F_{ji} = (m_i g) \gamma_j \varphi_{ji} \alpha_j = G_i \alpha_j \gamma_j \varphi_{ji} \qquad (3-74b)$$

式中：α_j——与体系第 j 阶频率对应的第 j 振型地震影响系数。

4. 振型组合

按上述方法，通过静力计算可得体系振型 j 最大地震反应。通过各振型最大地震反应 S_j 估计体系最大地震反应 S，称为振型组合。

由于各振型最大反应不在同一时刻发生，因此直接由各振型最大反应叠加估计体系最大反应，结果偏大。规范采用平方和开方的方法(SRSS 法)估计体系最大反应可获得较好的效果。

$$S = \sqrt{\sum_{j=1}^{n} S_j^2} \qquad (3-75)$$

事实上,结构的低阶振型地震反应贡献率大于高阶振型,故求结构总地震反应时,不需要取结构全部振型反应进行组合。振型反应的组合数可按如下规定确定:

(1)一般情况下,可取结构前 2 ~ 3 阶振型反应进行组合,但不多于结构自由度数;

(2)当结构基本周期 $T_1 > 1.5$ s 时或建筑高度比大于 5 时,可适当增加振型反应组合数。

【例题 3 – 4】　结构同【例题 3 – 3】所示,结构处于 8 度区(地震加速度为 0.20g),Ⅰ 类场地第一组,结构阻尼比为 0.05。试采用振型分解反应谱法,求结构在多遇地震下的最大底部剪力和最大顶点位移。

已由【例题 3 – 3】算得体系的自振周期及振型如下

$$T_1 = 0.433 \text{ s} \qquad T_2 = 0.202 \text{ s} \qquad T_3 = 0.136 \text{ s}$$

$$\{\overline{\varphi}_1\} = \begin{Bmatrix} 0.301 \\ 0.648 \\ 1 \end{Bmatrix} \qquad \{\overline{\varphi}_2\} = \begin{Bmatrix} -0.676 \\ -0.601 \\ 1 \end{Bmatrix} \qquad \{\overline{\varphi}_3\} = \begin{Bmatrix} 2.470 \\ -2.570 \\ 1 \end{Bmatrix}$$

解:注意到质量矩阵$[M]$为对角矩阵,有

$$\gamma_j = \frac{\{\varphi_j\}^{\text{T}}[M]\{1\}}{\{\varphi_j\}^{\text{T}}[M]\{\varphi_j\}} = \frac{\sum\limits_{i=1}^{n} m_i \varphi_{ji}}{\sum\limits_{i=1}^{n} m_i \varphi_{ji}^2}$$

得

$$\gamma_1 = \frac{1 + 1.5 \times 0.648 + 2 \times 0.301}{1 + 1.5 \times 0.648^2 + 2 \times 0.301^2} = 1.421$$

$$\gamma_2 = \frac{1 + 1.5 \times (-0.601) + 2 \times (-0.676)}{1 + 1.5 \times (-0.601)^2 + 2 \times (-0.676)^2} = -0.510$$

$$\gamma_3 = \frac{1 + 1.5 \times (-2.57) + 2 \times 2.47}{1 + 1.5 \times (-2.57)^2 + 2 \times (2.47)^2} = 0.090$$

查表 3 – 2、表 3 – 3 得 $\alpha_{\max} = 0.16$,$T_g = 0.25$ s,则应用设计反应谱(图 3 – 10)得

$$\alpha_1 = \left(\frac{T_g}{T_1}\right)^{0.9} \alpha_{\max} = \left(\frac{0.25}{0.433}\right)^{0.9} \times 0.16 = 0.0976$$

$$\alpha_2 = \alpha_3 = \alpha_{\max} = 0.16$$

由式(3 – 74b),算得第一振型各质点水平地震作用如下

$$F_{11} = 2 \times 9.8 \times 0.0976 \times 1.421 \times 0.301 = 0.818 \text{ kN}$$

$$F_{12} = 1.5 \times 9.8 \times 0.0976 \times 1.421 \times 0.648 = 1.321 \text{ kN}$$

$$F_{13} = 1.0 \times 9.8 \times 0.0976 \times 1.421 \times 1 = 1.359 \text{ kN}$$

同理,可算得第二振型及第三振型各质点的水平地震作用为

$$F_{21} = 1.081 \text{ kN}; \quad F_{22} = 0.721 \text{ kN}; \quad F_{23} = -0.800 \text{ kN}$$

$$F_{31} = 0.697 \text{ kN}; \quad F_{32} = -0.529 \text{ kN}; \quad F_{33} = 0.141 \text{ kN}$$

由各振型水平地震作用产生的底部剪力为

$$V_{11} = F_{11} + F_{12} + F_{13} = 3.498 \text{ kN}$$

$$V_{21} = F_{21} + F_{22} + F_{23} = 1.002 \text{ kN}$$

$$V_{31} = F_{31} + F_{32} + F_{33} = 0.309 \text{ kN}$$

通过振型组合式(3 – 75),求结构的最大底部剪力

$$V_1 = \sqrt{3.498^2 + 1.002^2 + 0.309^2} = 3.652 \text{ kN}$$

若取前两阶振型反应进行组合，则

$$V_1 = \sqrt{3.498^2 + 1.002^2} = 3.639 \text{ kN}$$

由各振型水平地震作用产生的结构顶点位移为

$$U_{13} = \frac{F_{11} + F_{12} + F_{13}}{k_1} + \frac{F_{12} + F_{13}}{k_2} + \frac{F_{13}}{k_3} = 6.442 \times 10^{-3} \text{ m} = 6.442 \text{ mm}$$

$$U_{23} = \frac{F_{21} + F_{22} + F_{23}}{k_1} + \frac{F_{22} + F_{23}}{k_2} + \frac{F_{23}}{k_3} = -0.84 \times 10^{-3} \text{ m} = -0.84 \text{ mm}$$

$$U_{33} = \frac{F_{31} + F_{32} + F_{33}}{k_1} + \frac{F_{32} + F_{33}}{k_2} + \frac{F_{33}}{k_3} = 0.083 \times 10^{-3} \text{ m} = 0.083 \text{ mm}$$

通过振型组合求结构的最大顶点位移

$$U_3 = \sqrt{\sum U_{j3}^2} = \sqrt{6.442^2 + (-0.84)^2 + 0.083^2} = 6.497 \text{ mm}$$

若取前两阶振型反应进行组合，则

$$U_3 = \sqrt{\sum U_{j3}^2} = \sqrt{6.442^2 + (-0.84)^2} = 6.4965 \text{ mm}$$

3.5.2 底部剪力法

1. 计算假定

采用振型分解反应谱法计算结构最大地震反应可获得较高的精度，但计算量较大，给手工计算带来困难。当结构高度不超过40 m，结构以剪切变形为主且质量和刚度沿高度分别较均匀时，结构的地震反应将以第一振型为主，接近一条直线。

为简化满足上述条件的结构地震反应计算，假定：

(1)结构的地震反应可用第一振型反应表征；

(2)结构的第一振型为线性倒三角形，如图3-15所示。即任意质点的第一振型位移与其高度成正比，即

$$\varphi_{1i} = CH_i \qquad (3-76)$$

式中：C——比例常数；

H_i——质点 i 离地面的高度。

这种以第一振型地震反应作为结构地震反应近似计算基础的方法称为底部剪力法。

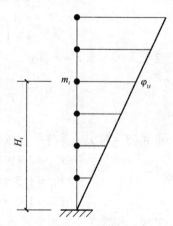

图3-15 结构的第一振型

2. 底部剪力的计算

将第一振型代入式(3-74b)，任意质点 i 的水平地震作用为

$$F_i = G_i \alpha_1 \gamma_1 \varphi_{1i} = G_i \alpha_1 \frac{\{\varphi_1\}^T [M]\{1\}}{\{\varphi_1\}^T [M]\{\varphi_1\}} \varphi_{1i} = G_i \alpha_1 \frac{\sum_{j=1}^{n} G_j \varphi_{1j}}{\sum_{j=1}^{n} G_j \varphi_{1j}^2} \varphi_{1i} \qquad (3-77)$$

将式(3-76)代入式(3-77)，得

$$F_i = G_i \alpha_1 \gamma_1 \varphi_{1i} = \frac{\sum\limits_{j=1}^{n} G_j H_i}{\sum\limits_{j=1}^{n} G_j H_i^2} G_i H_i \alpha_1 \qquad (3-78)$$

则结构底部剪力为

$$F_{EK} = \sum\limits_{i=1}^{n} F_i = \frac{\sum\limits_{j=1}^{n} G_j H_j}{\sum\limits_{j=1}^{n} G_j H_j^2} G_i H_i \alpha_1 = \frac{\left(\sum\limits_{j=1}^{n} G_j H_j\right)^2}{\left(\sum\limits_{j=1}^{n} G_j H_j^2\right)\left(\sum\limits_{j=1}^{n} G_j\right)} \left(\sum\limits_{j=1}^{n} G_j\right) \alpha_1 \qquad (3-79)$$

令

$$\chi = \frac{\left(\sum\limits_{j=1}^{n} G_j H_j\right)^2}{\left(\sum\limits_{j=1}^{n} G_j H_j^2\right)\left(\sum\limits_{j=1}^{n} G_j\right)} \qquad (3-80)$$

则

$$G_{eq} = \chi G_E = \chi \sum\limits_{j=1}^{n} G_j \qquad (3-81)$$

式中：G_{eq}——结构等效总重力荷载；

χ——结构总重力荷载等效系数，规范取值为 0.85。

结构的底部剪力式(3-79)可简化为

$$F_{EK} = G_{eq} \alpha_1 \qquad (3-82)$$

3. 地震作用的分布

按式(3-82)求得的结构底部剪力即结构所受的总水平地震作用。依据任意质点的第一振型位移与其高度成正比的假设，再将其按下列方式分配到各质点上，如图 3-16 所示。

$$F_i = \frac{G_i H_i}{\sum\limits_{j=1}^{n} G_j H_j} F_{EK} \qquad i = 1, 2, \cdots, n$$

$$(3-83)$$

式(3-83)表达的地震作用分布实际仅考虑了第一振型地震作用。当结构基本周期较长时，结构的高阶振型地震作用影响将不能忽略。为此我国《规范》采用在结构顶部附加集中水平地震作用的方法考虑高阶振型的影响。当结构基本周期 $T_1 > 1.4 T_g$ 时，需在结构顶部附加如式(3-84)所示集中水平地震作用。

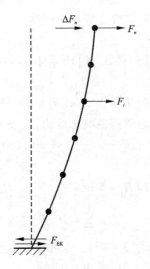

图 3-16　底部剪力法地震作用分布

$$\Delta F_n = \delta_n F_{EK} \qquad (3-84)$$

式中：δ_n——结构顶部附加地震作用系数，对于多层钢筋混凝土和钢结构房屋可按表 3-5 采用，其他房屋 $\delta_n = 0.0$。

表 3 - 5　顶部附加地震作用系数 δ_n

T_g/s	$T_1 > 1.4T_g$	$T_1 \leqslant 1.4T_g$
$T_g \leqslant 0.35$	$0.08T_1 + 0.07$	
$0.35 < T_g \leqslant 0.55$	$0.08T_1 + 0.01$	0.0
$T > 0.55$	$0.08T_1 - 0.02$	

注: T_1 为结构基本自振周期。

当考虑高阶振型的影响时, 结构的底部剪力仍按式(3-83)计算而各质点的地震作用按 $F_{EK} - \Delta F_n = (1 - \delta_n)F_{EK}$ 进行分配, 即

$$F_i = \frac{G_i H_i}{\sum\limits_{j=1}^{n} G_j H_j}(1 - \delta_n)F_{EK} \qquad i = 1, 2, \cdots, n \qquad (3-85)$$

4. 鞭梢效应

底部剪力法适用于重量和刚度沿高度分布都比较均匀的结构。当建筑物有局部突出屋面的小结构(如屋顶间、女儿墙、烟囱)等时, 由于该部分结构的重量和刚度突然变小, 将产生鞭梢效应, 即局部突出结构的地震反应有加剧的现象。

为简化计算, 规范规定采用底部剪力法计算这类突出屋面小结构的地震作用效应时宜乘以增大系数 3, 但此增大部分不往下传递, 但与该突出部分相连的构件应计入其影响。

【例题 3-5】　结构同【例题 3-3】, 设计基本地震加速度及场地条件同【例题 3-4】。试采用底部剪力法求结构在多遇地震下的最大底部剪力和最大顶点位移。

解: 结构总重力荷载为

$$G_E = (1.0 + 1.5 + 2.0) \times 9.8 = 44.1 \text{ kN}$$

由【例题 3-4】已算得 $\alpha_1 = 0.0976$, 则结构的底部总剪力为

$$F_{EK} = G_{eq}\alpha_1 = 0.85G_E\alpha_1 = 0.85 \times 44.1 \times 0.0976 = 3.659 \text{ kN}$$

已知 $T_g = 0.25 \text{ s}$, $T_1 = 0.433 \text{ s} > 1.4T_g = 0.35 \text{ s}$, 则需要考虑结构顶部附加地震作用(假定结构为钢筋混凝土结构)。查表 3-5 得

$$\delta_n = 0.08T_1 + 0.07 = 0.08 \times 0.433 + 0.07 = 0.105$$

$$\Delta F_n = \delta_n F_{EK} = 0.105 \times 3.659 = 0.384 \text{ kN}$$

已知 $H_1 = 5 \text{ m}$, $H_2 = 9 \text{ m}$, $H_3 = 13 \text{ m}$,

$$\sum_{j=1}^{n} G_j H_j = (2 \times 5 + 1.5 \times 9 + 1 \times 13) \times 9.8 = 357.7 \text{ kN} \cdot \text{m}$$

按式(3-85), 作用在各楼层上的水平地震作用为

$$F_1 = \frac{G_1 H_1}{\sum\limits_{j=1}^{n} G_j H_j}(1 - \delta_n)F_{EK} = \frac{2 \times 5 \times 9.8}{357.7} \times (1 - 0.105) \times 3.659 = 0.897 \text{ kN}$$

$$F_2 = \frac{1.5 \times 9 \times 9.8}{357.7} \times (1 - 0.105) \times 3.659 = 1.211 \text{ kN}$$

$$F_3 = \frac{1 \times 13 \times 9.8}{357.7} \times (1 - 0.105) \times 3.659 = 1.166 \text{ kN}$$

由此得结构的顶点位移为

$$U_3 = \frac{F_{EK}}{k_1} + \frac{F_2 + F_3 + \Delta F_n}{k_2} + \frac{F_3 + \Delta F_n}{k_3}$$

$$= \frac{3.659}{1800} + \frac{1.211 + 1.166 + 0.384}{1200} + \frac{1.166 + 0.384}{600}$$

$$= 6.913 \times 10^{-3} \text{ m}$$

与【例题 3-4】的结果对比，可见该类结构分别用底部剪力法与振型分解反应谱法计算的结果很接近，误差是可控的。

3.5.3　结构基本周期近似计算

采用底部剪力法进行结构抗震计算，只需要知道结构的基本周期即可。如采用特征方程式(3-31)计算，当质点数较多时计算量巨大，手工计算甚为困难。下面介绍几种可以手工计算结构基本周期的近似方法。

1. 能量法

能量法也称为瑞利法，其理论基础是能量守恒原理，即一个无阻尼的弹性体系做自由振动时，其总能量在任意时刻总是保持不变。

设一个具有 n 个质点的弹性体系，其质量矩阵为 $[M]$，刚度矩阵为 $[K]$。令 $\{x(t)\}$ 为体系自由振动 t 时刻质点水平位移向量，因弹性体系的自由振动是简谐运动，不妨设

$$\{x(t)\} = \{\varphi\}\sin(\omega t + \varphi) \tag{3-86}$$

式中：$\{\varphi\}$——体系的振型位移向量；

$\omega、\varphi$——体系的自振圆频率和初相位角。

则体系的速度向量为

$$\{\dot{x}(t)\} = \omega\{\varphi\}\cos(\omega t + \varphi) \tag{3-87}$$

当体系振幅达到最大时，体系变形能达到最大值 U_{max}，而体系的动能等于零。此时体系的振动总能量为

$$E_d = U_{max} = \frac{1}{2}\{X(t)\}_{max}^T[K]\{X(t)\}_{max} = \frac{1}{2}\{\Phi\}^T[K]\{\Phi\} \tag{3-88a}$$

当体系到达平衡位置时，体系动能达到最大值 T_{max}，而体系的变形能等于零。此时体系的振动总能量为

$$E_d = T_{max} = \frac{1}{2}\{\dot{x}(t)\}_{max}^T[M]\{\dot{x}(t)\}_{max} = \frac{1}{2}\omega^2\{\Phi\}^T[K]\{\Phi\} \tag{3-88b}$$

由能量守恒原理，$T_{max} = U_{max}$，有

$$\omega^2 = \frac{\{\Phi\}^T[K]\{\Phi\}}{\{\Phi\}^T[M]\{\Phi\}} \tag{3-89}$$

当体系质量矩阵 $[M]$ 和刚度矩阵 $[K]$ 已知时，频率 ω 是振型 $\{\Phi\}$ 的函数，当所取的振型为第 i 阶振型 $\{\Phi_i\}$ 时，按式(3-89)可直接求得第 i 阶自振频率 ω_i。由于结构的第一振型近似一条直线，如果近似将作用于各个质点的重力荷载 G_i 当作水平力所产生的质点水平位移 u_i 作为第一振型位移，则

$$\omega^2 = \frac{\{\varPhi\}^{\mathrm{T}}[K]\{\varPhi\}}{\{\varPhi\}^{\mathrm{T}}[M]\{\varPhi\}} = \frac{\sum\limits_{i=1}^{n} G_i u_i}{\sum\limits_{i=1}^{n} m_i u_i^2} = \frac{g \sum\limits_{i=1}^{n} G_i u_i}{\sum\limits_{i=1}^{n} G_i u_i^2} \qquad (3-90)$$

注意到 $T_1 = 2\pi/\omega_1$，$k = 9.8 \text{ m/s}^2$，则由式（3 - 90）可得

$$T_1 = 2\sqrt{\frac{\sum\limits_{i=1}^{n} G_i u_i^2}{\sum\limits_{i=1}^{n} G_i u_i}} \qquad (3-91)$$

【例题 3 - 6】 试采用能量法求【例题 3 - 3】结构的基本周期。

解： 各楼层的重力荷载为

$$G_3 = 1 \times 9.8 = 9.8 \text{ kN}$$
$$G_2 = 1.5 \times 9.8 = 14.7 \text{ kN}$$
$$G_1 = 2 \times 9.8 = 19.6 \text{ kN}$$

将各楼层的重力荷载当作水平力产生的楼层剪力为

$$V_3 = G_3 = 9.8 \text{ kN}$$
$$V_2 = G_3 + G_2 = 24.5 \text{ kN}$$
$$V_1 = G_3 + G_2 + G_1 = 44.1 \text{ kN}$$

则此楼层剪力产生的楼层水平位移为

$$u_1 = \frac{V_1}{k_1} = \frac{44.1}{1800} = 0.0245 \text{ m}$$
$$u_2 = \frac{V_2}{k_2} + u_1 = \frac{24.5}{1200} + 0.0245 = 0.0449 \text{ m}$$
$$u_3 = \frac{V_3}{k_3} + u_2 = \frac{9.8}{600} + 0.0449 = 0.0612 \text{ m}$$

由式（3 - 91），可得

$$T_1 = 2\sqrt{\frac{\sum\limits_{i=1}^{n} G_i u_i^2}{\sum\limits_{i=1}^{n} G_i u_i}} = 2\sqrt{\frac{19.6 \times 0.0245^2 + 14.7 \times 0.0449^2 + 9.8 \times 0.0612^2}{19.6 \times 0.0245 + 14.7 \times 0.0449 + 9.8 \times 0.0612}} = 0.424 \text{ s}$$

与精确解的相对误差为 -2%。

2. 等效质量法

等效质量法又称折算质量法，其基本思想是用一个等效单质点体系来代替原来的多质点体系，如图 3 - 17 所示，并遵循以下等效原则：

（1）等效单质点体系的自振频率与原多质点体系的基本自振频率相等；

（2）等效单质点体系自由振动的最大动能与原多质点体系的基本自由振动的最大动能相等。

多质点体系按第一振型振动的最大动能为

$$U_{1\max} = \frac{1}{2} \sum_{i=1}^{n} m_i (\omega_1 x_i)^2 \qquad (3-92)$$

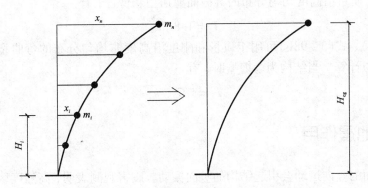

图 3 - 17　用单质点体系等效多质点体系

等效单位质点的最大动能为

$$U_{2\max} = \frac{1}{2} m_{eq} (\omega_1 x_{eq})^2 \qquad (3-93)$$

由等效原则(2)，有 $U_{1\max} = U_{2\max}$，则

$$m_{eq} = \frac{\sum_{i=1}^{n} m_i x_i^2}{x_{eq}^2} \qquad (3-94)$$

式中：x_i——体系按第一振型振动时，质点 m_i 处的最大位移；

　　x_{eq}——体系按第一振型振动时，相应于等效质点 m_{eq} 处的最大位移，对于图 3 - 17 取 $x_{eq} = x_n$。

式(3 - 94)中，x_i、x_{eq} 可以是单位力作用下的侧移，也可通过将体系各质点重力荷载当作水平力所产生的体系水平位移确定。

确定等效单质点体系的质量 m_{eq} 后，即可按单质点体系来计算原多质点体系的基本频率和基本周期：

$$\omega_1 = \sqrt{1/m_{eq}\delta} \qquad (3-95a)$$

$$T_1 = 2\pi \sqrt{m_{eq}\delta} \qquad (3-95b)$$

3. 顶点位移法

顶点位移法是最常用的求基本周期的近似方法。其基本思想是根据结构质量分布将结构简化成有限质点体系或无限质点的悬臂杆，给出由质点重力荷载作为水平荷载所产生的顶点位移 u_T 表示的体系基本周期公式，一旦求出结构的顶点位移就可以直接求得结构基本周期。

例如，对于质量沿高度均匀分布的等截面弯曲型悬臂杆，基本周期为

$$T_1 = 1.78 \sqrt{\frac{qH^4}{gEI}} \qquad (3-96)$$

将重力分布荷载 $\overline{m}g$ 作为水平分布荷载产生的悬臂杆顶点位移为

$$u_T = \frac{\overline{m}gl^4}{8EI} \qquad (3-97)$$

将式(3 - 97)代入式(3 - 96)得

$$T_1 = 1.6\sqrt{u_T} \qquad (3-98a)$$

同样,对于质量沿高度均匀分布的等截面剪切型悬臂杆,有

$$T_1 = 1.8 \sqrt{u_T} \qquad (3-98b)$$

式(3-98a)、式(3-98b)可用于质量和刚度沿高度非均匀分布的弯曲型和剪切型结构基本周期的近似计算。当结构为弯剪型时,有

$$T_1 = 1.7 \sqrt{u_T} \qquad (3-98c)$$

3.6 竖向地震作用

地震中地面的竖向运动会引起结构的竖向振动。震害观测表明,高烈度区的竖向地震运动相当可观,尤其对高层建筑、高耸结构及大跨度结构的影响更为显著。因此,我国抗震规范规定:抗震设防烈度为8度和9度区的大跨度屋盖结构、长悬臂结构、烟囱及类似高耸结构和抗震设防烈度为9度区的高层建筑,应考虑竖向地震作用。根据结构类型不同分别采用竖向反应谱法和静力法。

3.6.1 高层建筑及高耸结构

可采用类似于水平地震作用的底部剪力法,计算高耸结构及高层建筑的竖向地震作用。即先确定结构底部总竖向地震作用,再计算作用在结构各质点上的竖向地震作用(图3-18)。

$$F_{Evk} = \alpha_{vmax} G_{eq} \qquad (3-99)$$

$$F_{vi} = \frac{G_i H_i}{\sum_j G_j H_j} F_{Evk} \qquad (3-100)$$

式中:F_{Evk}——结构总竖向地震作用标准值;

F_{vi}——质点i的竖向地震作用标准值;

α_{vmax}——竖向地震影响系数最大值,取水平地震影响系数最大值的65%;

G_{eq}——结构等效总重力荷载,可取其重力荷载代表值的75%。

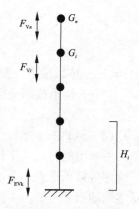

图3-18 高耸结构与高层建筑竖向地震作用

分析表明,竖向地震反应谱与水平地震反应谱大致相同,因此竖向地震影响系数谱与图3-10中的水平地震影响系数谱形相类似。因高耸结构或高层建筑竖向基本周期很短,大约为0.1~0.2 s,即处在地震影响系数最大值范围内。大量地震记录表明,竖向地震动加速度峰值为水平地震动加速度峰值的1/2~2/3,因此《规范》规定近似地取竖向地震影响系数最大值为水平地震影响系数最大值的65%,则

$$\alpha_{vmax} = 0.65\alpha_{max} \qquad (3-101)$$

计算竖向地震作用效应时,可按各构件承受的重力荷载代表值的比例分配,并乘以1.5的竖向地震动力效应增大系数。

3.6.2 大跨度结构

大量分析表明,对平板型网架、大跨度屋盖、长悬臂结构的大跨度结构的各主要构件,

竖向地震作用内力与重力荷载的内力比值相差一般不大，因而可认为竖向地震作用的分布与重力荷载的分布相同，其大小可按下式计算

$$F_v = \lambda G \qquad\qquad (3-102)$$

式中：F_v——竖向地震作用标准值。

$\quad\quad G$——重力荷载标准值。

$\quad\quad \lambda$——竖向地震作用系数。对于平板型网架和跨度大于 24 m 的屋架，按表 3-6 采用；对于长悬臂和其他大跨度结构，抗震设防烈度为 8 度时取 $\lambda = 0.10$，9 度时取 $\lambda = 0.20$；当设计基本地震加速度为 0.30 g 时，取 $\lambda = 0.15$。

表 3-6　竖向地震作用系数

结构类型	烈度	场地类别		
		I	II	III、IV
平板型网架	8 度	可不计算(0.10)	0.08(0.12)	0.10(0.15)
	9 度	0.15	0.15	0.20
钢筋混凝土屋架	8 度	0.10(0.15)	0.13(0.19)	0.13(0.19)
	9 度	0.20	0.25	0.25

注：括号中的数值分别用于设计基本地震加速度为 0.15g 和 0.3g 的地区。

3.7* 结构平扭耦合振动地震作用

本章 3.2～3.5 节所讨论的单向水平地震作用下结构的地震反应计算只适用于结构平面布置规则，无显著刚度和质量偏心的情况。然而，为满足建筑外观多样化和功能现代化的要求，结构平面往往满足不了均匀、规则、对称的要求，而存在较大偏心。结构平面质量中心与刚度中心不重合将导致水平地震作用下结构的平扭耦合振动，对结构抗震不利。因此规范规定，对于质量和刚度明显不均匀、不对称的结构应考虑水平地震作用的扭转影响。另外，由于地震动是多维运动，当结构在平面两个主轴方向存在偏心时，沿两个方向的水平地震动都将引起结构扭转振动。

3.7.1 平扭耦合地震作用

对于不规则结构，要按扭转耦联振型分解法计算地震作用及其效应。为简化计算，作如下基本假定：

(1)各层楼板在其自身平面内为绝对刚性，楼板在其水平面内的移动为刚体位移；

(2)建筑整体结构由多榀平面内受力的抗侧力结构构成，各榀抗侧力结构在其自身平面内刚度很大，而在平面外刚度较小，可以忽略不计；

(3)结构的抗扭刚度主要由各榀抗侧力结构的侧移恢复力提供，结构所有构件自身的抗扭作用可以忽略；

(4)将所有质量(包括梁、柱、墙等质量)都集中到各层楼板处。

在上述假定下，结构的运动可用每一楼层某一参考点沿两个正交方向的水平移动和绕通过该点竖轴的转动来描述。为便于结构运动方程的建立，可将各楼层的质心定为楼层运动参考点。这样，扭转耦联转动时结构的设计简图可简化为描述结构各楼层运动的楼层坐标系原点不一定在同一竖轴上的串联钢片系，如图 3-19 所示，而不是仅考虑平移振动时的串联质点系。当结构为 n 层时，则结构共有 $3n$ 个自由度。

利用达朗贝尔原理，可建立结构考虑平扭耦合的双向地震作用下的运动方程。

$$[M]\{\ddot{D}\} + [C]\{\dot{D}\} + [K]\{D\} = -[M]\{\ddot{D}_g\}$$
$$(3-103)$$

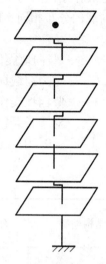

图 3-19　串联钢片模型

式中：$[M]$——结构总质量矩阵；

　　　$[K]$——结构总刚度矩阵，由各榀抗侧力结构在整体坐标下的刚度矩阵叠加而成；

　　　$[C]$——结构的总阻尼矩阵，可采用瑞雷阻尼模型通过结构总刚度矩阵和总质量矩阵的线性组合获得。

注意到上式在形式上与 3.4 节中多自由度体系振动微分方程相同，仅仅是未知量矩阵及各系数矩阵的维数从 n 维扩展到了 $3n$ 维。因此，仍然可以应用振型分解反应谱法计算扭转耦联体系的水平地震作用标准值。如图 3-20 所示，j 振型第 i 层质心处的水平地震作用标准值按下列公式计算：

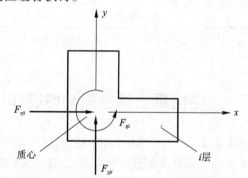

图 3-20　j 振型第 i 层质心处的水平地震作用

$$F_{xji} = \alpha_j \gamma_{tj} X_{ji} G_i \qquad (3-104a)$$
$$F_{yji} = \alpha_j \gamma_{tj} Y_{ji} G_i \qquad (3-104b)$$
$$F_{tji} = \alpha_j \gamma_{tj} r_i^2 \varphi_{ji} G_i \qquad (3-104c)$$

式中：F_{xji}、F_{yji}、F_{tji}——分别为 j 振型第 i 层的 x、y 方向和转角方向的地震作用标准值；

　　　X_{ji}、Y_{ji}——分别为 j 振型第 i 层质心在 x、y 方向的水平相对位移；

　　　α_j——与体系自振周期 T_j 相应的地震影响系数；

　　　φ_{ji}——j 振型第 i 层的相对扭转角；

　　　r_i——i 层转动半径，$r_i = \sqrt{J_i/m_i}$，其中 J_i 为第 i 层绕质心的转动惯量，m_i 为第 i 层的质量；

　　　γ_{tj}——计入扭转的 j 振型的参与系数，可按下列公式确定。

$$\gamma_{tj} = \gamma_{xj} = \frac{\sum\limits_{i=1}^{n} X_{ji} G_i}{\sum\limits_{i=1}^{n} (X_{ji}^2 + Y_{ji}^2 + \varphi_{ji}^2 r_i^2) G_i} （仅考虑 x 方向地震作用） \qquad (3-105a)$$

$$\gamma_{tj} = \gamma_{yj} = \frac{\sum_{i=1}^{n} Y_{ji} G_i}{\sum_{i=1}^{n} (X_{ji}^2 + Y_{ji}^2 + \varphi_{ji}^2 r_i^2) G_i} \text{（仅考虑 } y \text{ 方向地震作用）} \qquad (3-105\text{b})$$

当取与 x 方向斜交（地震作用方向与 x 方向夹角为 θ）的地震作用时

$$\gamma_{tj} = \gamma_{xj}\cos\theta + \gamma_{yj}\sin\theta \qquad (3-105\text{c})$$

3.7.2　振型组合

由式（3-104）求得每一振型的最大地震作用后，同样需进行振型组合求该结构总的地震反应。与结构单向平移水平地震反应计算相比，考虑平扭耦合效应进行振型组合时，需注意由于平扭耦合振动有 x 向、y 向和扭转三个主振方向，若取 $3n$ 个振型组合可能只相当于不考虑平扭耦合影响时只取 n 个振型组合的情况。故平扭耦合振动的组合数比非平扭耦合振动的组合数多，一般应为 3 倍以上。此外，由于平扭耦合影响，一些振型的频率间隔可能很小，振型组合时，需考虑不同振型地震反应间的相关性。

为此，可采用完全二次振型组合法（CQC 法），即按下式计算单向地震作用下的扭转耦联效应：

$$S_{EK} = \sqrt{\sum_{j=1}^{r} \sum_{k=1}^{r} \rho_{jk} S_j S_k} \qquad (3-106)$$

式中：S_{EK}——地震作用标准值的扭转效应；

S_j、S_k——分别为振型 j、振型 k 的地震作用效应；

r——振型组合数，r 可取 9~15；

ρ_{jk}——振型 j 和振型 k 的耦联系数，按各阶振型阻尼比均相等由下式确定。

$$\rho_{jk} = \frac{8(1+\lambda_T)\lambda_T^{1.5}\xi_j\xi_k}{(1-\lambda_T^2)^2 + 4\xi_j\xi_k(1+\lambda_T)^2\lambda_T} \qquad (3-107)$$

式中：ξ_j、ξ_k——分别为振型 j 和振型 k 对应的阻尼比；

λ_T——振型 k 与振型 j 的自振周期比。

表 3-7 给出了 ρ_{jk} 与 λ_T 的关系（取 $\xi = 0.05$）。不难看出，ρ_{jk} 随两个振型周期比 λ_T 的减小迅速衰减，当 $\lambda_T < 0.7$ 时，两个振型的相关性已经很小，可以忽略不计。

表 3-7　ρ_{jk} 与 λ_T 的数值关系（$\xi = 0.05$）

λ_T	0.4	0.5	0.6	0.7	0.8	0.9	0.95	1.0
ρ_{jk}	0.010	0.019	0.035	0.079	0.166	0.473	0.791	1

3.7.3　双向地震作用

按式（3-104）可分别计算 x 向水平地震动和 y 向水平地震动产生的各阶水平地震作用，按式（3-105）进行振型组合，可分别得出由 x 向水平地震动产生的某一特定地震作用效应（如楼层位移、构件内力等）和由 y 向水平地震动产生的同一地震效应，分别计为 S_x、S_y。由

于 S_x、S_y 不一定在同一时刻发生，可采用平方和开方的方式估计由双向水平地震产生的地震作用效应。根据强震观测记录的统计分析，两个方向水平地震加速度的最大值不相等，二者之比约为 $1:0.85$，因此《规范》规定可按下列两式的较大值确定双向水平地震作用效应：

$$S_{EK} = \sqrt{S_x^2 + (0.85S_y)^2} \qquad (3-108a)$$

$$S_{EK} = \sqrt{S_y^2 + (0.85S_x)^2} \qquad (3-108b)$$

假设 $S_x \geqslant S_y$，表 3-8 列出了 S/S_x 与 S_y/S_x 的关系，从中可知，当两个方向水平地震单独作用的效应相等时，双向水平地震的影响最大，此时双向水平地震作用效应是单向水平地震作用效应的 1.31 倍。而随着两个方向水平地震单独作用时的效应之比减小，双向水平地震的影响也减小。

表 3-8　S/S_x 与 S_y/S_x 的数值关系

S_y/S_x	1.0	0.9	0.8	0.7	0.6	0.5	0.4	0.3	0.2	0.1	0
S/S_x	1.31	1.26	1.21	1.16	1.12	1.09	1.06	1.03	1.01	1.00	1.00

3.8　结构抗震验算

3.8.1　结构抗震计算原则

各类建筑结构抗震验算，应符合下列原则：

（1）一般情况下，可在建筑结构的两个主轴方向分别计算水平地震作用并进行抗震验算，各方向的水平地震作用应由该方向抗侧力构件承担；

（2）有斜交抗侧力构件的结构，当相交角度大于 15°时，应分别计算各抗侧力构件方向的水平地震作用；

（3）质量和刚度分布明显不对称、不均匀的结构，应考虑双向水平地震作用下的扭转影响，其他情况应允许采用调整地震作用效应的方法考虑扭转影响；

（4）不同方向的抗侧力结构的共同构件，应考虑双向水平地震作用的影响；

（5）抗震设防烈度为 8 度和 9 度时的大跨度结构、长悬臂结构、烟囱和类似高耸结构，以及 9 度时的高层建筑，应考虑竖向地震作用。

3.8.2　结构地震作用计算方法的确定

底部剪力法是一种拟静力法，结构计算量小，但因忽略了高阶振型的影响，且对第一振型也做了简化，因此计算精度稍差；振型分解反应谱法是一种拟动力方法，计算量稍大，但计算精度较高，计算误差主要来自振型组合时关于地震动随机性的假定；时程分析法是一种完全的动力方法，计算量大，计算精度高，但只能计算某一确定地震记录而缺乏随机性。

底部剪力法、振型分解反应谱法都建立在结构的动力特性基础上，只适用于弹性的结构地震反应分析；而时程分析法则同时适用于弹性、非弹性的结构地震反应分析（本书未涉及）。

采用什么方法进行抗震设计，可根据不同的结构和设计要求分别对待。我国《规范》根据建筑类别、抗震设防烈度以及结构的规则程度和复杂性做了如下规定：

（1）高度不超过 40 m，以剪切变形为主且质量和刚度沿高度分布比较均匀的结构，以及近似于单质点体系的结构，可采用底部剪力法等简化方法；

（2）除第（1）点外的建筑结构，宜采用振型分解反应谱法；

（3）特别不规则的结构、甲类建筑和表 3 – 9 所列高度范围的高层建筑，应采用时程分析法进行多遇地震下的补充计算。当取三组加速度时程曲线输入时，计算结果宜取时程法的包络值和振型分解反应谱法的较大值；当取七组及七组以上的加速度时程曲线输入时，计算结果可取时程法的平均值和振型分解反应谱法的较大值。

表 3 – 9　采用时程分析的房屋高度范围/m

抗震设防烈度和场地类别	房屋高度范围
8 度 Ⅰ 、Ⅱ 类场地和 7 度	>100
8 度 Ⅲ 、Ⅳ 类场地	>80
9 度	>60

3.8.3　最低地震剪力及地基—结构相互作用

1. 最低地震剪力

为保证结构的基本安全性，抗震验算时，结构任一楼层的水平地震剪力应符合下式的最低要求：

$$V_{Eki} > \lambda \sum_{j=i}^{n} G_j \tag{3-109}$$

式中：V_{Eki}——第 i 层对应于水平地震作用标准值的楼层剪力；

　　　λ——剪力系数，不应小于表 3 – 10 规定的楼层最小地震剪力系数值，对竖向不规则结构的薄弱层，尚应乘以 1.15 的增大系数；

　　　G_j——第 j 层的重力荷载代表值。

表 3 – 10　楼层最小地震剪力系数值

抗震设防烈度	6 度	7 度	8 度	9 度
扭转效应明显或基本周期小于3.5 s的结构	0.008	0.016(0.024)	0.032(0.048)	0.064
基本周期大于5.0 s的结构	0.006	0.012(0.018)	0.024(0.036)	0.048

注：1. 基本周期为 3.5 ~ 5.0 s 的结构，按插入法取值。2. 括号内的数值分别用于设计基本地震加速度为 0.15g 和 0.30g 的地区。

2. 地基—结构相互作用

结构地震反应计算，一般情况下可不考虑地基与结构的相互作用影响。抗震设防烈度8度和9度时建造于Ⅲ、Ⅳ类场地，采用箱基、刚性较好的筏基和桩箱联合基础的钢筋混凝土高层建筑，当结构基本自振周期处于特征周期的 1.2~5 倍范围时，若计入地基与结构动力相互作用的影响，对刚性地基假定计算的水平地震剪力可按下列规定折减，其层间变形可按折减后的楼层剪力计算。

（1）高宽比小于3的结构，各楼层水平地震剪力的折减系数，可按下式计算：

$$\psi = \left(\frac{T_1}{T_1 + \Delta T}\right)^{0.9} \tag{3-110}$$

式中：ψ——计入地基与结构动力相互作用的地震剪力折减系数；

T_1——按刚性地基假定确定的结构基本自振周期；

ΔT——计入地基与结构动力相互作用的附加周期，可按表 3-11 采用。

表 3-11 附加周期

地震烈度	场地类别/s	
	Ⅲ类	Ⅳ类
8 度	0.08	0.20
9 度	0.10	0.25

（2）高宽比不小于3的结构，底部的地震剪力按第1款规定折减，顶部不折减，中间各层按线性插入值折减。

（3）折减后各楼层的水平地震剪力，尚应满足《规范》关于最小地震剪力的要求。

3.8.4 截面抗震验算

以下情况当符合有关抗震构造措施时，可不进行截面抗震验算：

（1）6 度时的建筑（建造于Ⅳ类场地上的较高建筑除外），以及生土房屋和木结构房屋等；

（2）三级、四级钢筋混凝土框架的节点核心区；

（3）7 度的Ⅰ、Ⅱ类场地，柱高不超过 10 m 且结构单元两端均有山墙的单跨及等高多跨单层钢筋混凝土柱厂房（锯齿形厂房除外）；

（4）7 度的Ⅰ、Ⅱ类场地，柱顶标高不超过 4.5 m，且结构单元两端均有山墙的单跨及等高多跨单层砖柱厂房的横向和纵向抗震验算；

（5）7 度的Ⅰ、Ⅱ类场地，柱顶标高不超过 6.6 m，两侧设有厚度不小于 240 mm 且开洞截面面积不超过 50% 的外纵墙，结构单元两端均有山墙的单跨单层砖柱厂房的纵向抗震验算。

除上述情况外，均应采用下列设计表达式进行结构构件承载力截面抗震验算：

$$S \leqslant R/\gamma_{\mathrm{RE}} \tag{3-111}$$

式中：S——包含地震作用效应的结构构件内力组合设计值；

  R——结构构件承载力设计值,按各有关结构设计规范计算;

  γ_{RE}——承载力抗震调整系数;除另有规定外,按表 3 – 12 采用;但当仅计算竖向地震
作用时,各类结构构件承载力抗震调整系数均宜采用 1.0。

表 3 – 12　承载力抗震调整系数

材料	结构构件	受力状态	γ_{RE}
钢	梁、柱		0.75
	支撑		0.80
	节点板件、连接螺栓		0.85
	连接焊缝		0.90
砌体	两端均有构造柱、芯柱的抗震墙	受剪	0.9
	其他抗震墙	受剪	1.0
钢筋混凝土	梁	受弯	0.75
	轴压比小于 0.15 的柱	偏压	0.75
	轴压比不小于 0.15 的柱	偏压	0.80
	抗震墙	偏压	0.85
	各类构件	受剪、偏拉	0.85

  进行结构抗震设计时,用 γ_{RE} 对有地震作用组合时结构构件承载力设计值加以调整,用
众值烈度地震作用下的构件承载力验算替代了设防烈度地震作用下的结构弹塑性变形验算。
另外,因为在确定建筑类型时已考虑了该建筑物的重要性,故在有地震作用组合时不再考虑
结构重要性系数 γ_0。

  结构构件的地震作用效应和其他荷载效应的基本组合应按下式计算:

$$S = \gamma_G S_{GE} + \gamma_{Eh} S_{Ehk} + \gamma_{Ev} S_{Evk} + \psi_w \gamma_w S_{wk} \qquad (3-112)$$

式中:S——结构构件内力组合设计值,包括组合的弯矩、轴向力和剪力设计值;

  γ_G——重力荷载分项系数,一般情况应采用 1.2,当重力荷载效应对构件承载能力有
利时,不应大于 1.0;

  γ_{Eh}、γ_{Ev}——分别为水平、竖向地震作用分项系数,应按表 3 – 13 采用;

  γ_w——风荷载分项系数,应采用 1.4;

  S_{GE}——重力荷载代表值的效应,有吊车时,尚应包括悬吊物重力标准值的效应;

  S_{Ehk}——水平地震作用标准值的效应,尚应乘以相应增大系数或调整系数;

  S_{Evk}——竖向地震作用标准值的效应,尚应乘以相应增大系数或调整系数;

  S_{wk}——风荷载标准值的效应;

  ψ_w——风荷载组合值系数,一般结构取 0.0,风荷载起控制作用的高层建筑应采用 0.2。

表 3-13　地震作用分项系数

地震作用	γ_{Eh}	γ_{Ev}
仅计算水平地震作用	1.3	0
仅计算竖向地震作用	0	1.3
同时计算水平与竖向地震作用(水平地震为主)	1.3	0.5
同时计算水平与竖向地震作用(竖向地震为主)	0.5	1.3

3.8.5　抗震变形验算

1. 多遇地震作用下结构的弹性变形验算

为了避免建筑物的非结构构件(包括围护墙、填充墙和各类装饰物等)在多遇地震作用下出现破坏,须对表 3-14 所列各类结构进行多遇地震作用下的抗震变形验算,使其最大层间弹性位移小于规定的限制,其验算公式为:

$$\Delta u_e \leqslant [\theta_e]h \tag{3-113}$$

式中:Δu_e——多遇地震作用标准值产生的楼层内最大的弹性层间位移;计算时,除以弯曲变形为主的高层建筑外,可不扣除结构整体弯曲变形;应计入扭转变形,各作用分项系数均采用1.0;钢筋混凝土结构构件的截面刚度可采用弹性刚度。

$[\theta_e]$——弹性层间位移角限值,宜按表 3-14 采用。

h——计算楼层层高。

因砌体结构刚度大、变形小,厂房结构对非结构构件要求低,故可不验算这两类结构的允许弹性变形。

表 3-14　弹性层间位移角限值/(°)

结构类型	$[\theta_e]$
钢筋混凝土框架	1/550
钢筋混凝土框架—抗震墙、板柱—抗震墙、框架—核心筒	1/800
钢筋混凝土抗震墙、筒中筒	1/1000
钢筋混凝土框支层	1/1000
多、高层钢结构	1/250

2. 罕遇地震作用下结构的弹塑性变形验算

(1)结构在罕遇地震作用下薄弱层的弹塑性变形验算,应符合下列要求。

①下列结构应进行弹塑性变形验算。

a. 8 度Ⅲ、Ⅳ类场地和 9 度时，高大的单层钢筋混凝土柱厂房的横向排架；

b. 7～9 度时楼层屈服强度系数小于 0.5 的钢筋混凝土框架结构和框排架结构；

c. 高度大于 150 m 的结构；

d. 甲类建筑和地震烈度为 9 度时乙类建筑中的钢筋混凝土结构和钢结构；

e. 采用隔震和消能减震设计的结构。

注：楼层屈服强度系数为按钢筋混凝土构件实际配筋和材料强度标准值计算的楼层受剪承载力与按罕遇地震作用标准值计算的楼层弹性地震剪力的比值；对排架柱，指按实际配筋面积、材料强度标准值和轴向力计算的正截面受弯承载力与按罕遇地震作用标准值计算的弹性地震弯矩的比值。

②下列结构宜进行弹塑性变形验算。

a. 表 3-9 所列高度范围且属于竖向不规则类型的高层建筑结构；

b. 7 度Ⅲ、Ⅳ类场地和 8 度时乙类建筑中的钢筋混凝土结构和钢结构；

c. 板柱—抗震墙结构和底部框架砌体房屋；

d. 高度不大于 150 m 的其他高层钢结构；

e. 不规则的地下建筑结构及地下空间综合体。

③罕遇地震作用下薄弱层的弹塑性变形验算方法。

a. 不超过 12 层且层刚度无突变的钢筋混凝土框架和框排架结构、单层钢筋混凝土柱厂房可采用简化计算法；

b. 除上款以外的建筑结构，可采用静力弹塑性分析方法或弹塑性时程分析法等；

c. 规则结构可采用弯剪层模型或平面杆系模型，属于不规则结构应采用空间结构模型。

(2)结构薄弱层(部位)的弹塑性层间位移的简化计算。

①结构薄弱层(部位)的位置可按下列情况确定。

a. 楼层屈服强度系数沿高度分布均匀的结构可取底层；

b. 楼层屈服强度系数沿高度分布不均匀的结构，可取该系数最小的楼层(部位)和相对较小的楼层，一般不超过 2～3 处；

c. 单层厂房，可取上柱。

②弹塑性层间位移可按下式计算。

$$\Delta u_p \leq \eta_p \Delta u_e \left(\text{或 } \Delta u_p = \mu \Delta u_y = \frac{\eta_p}{\xi_y}\Delta u_y \right) \tag{3-114}$$

式中：Δu_p——弹塑性层间位移。

Δu_y——层间屈服位移。

μ——楼层延性系数。

Δu_e——罕遇地震作用下按弹性分析的层间位移。

η_p——弹塑性层间位移增大系数，当薄弱层(部位)的屈服强度系数不小于相邻层(部位)该系数平均值的 0.8 时，可按表 3-15 采用；当不大于该系数平均值的 0.5 时，可按表内相应数值的 1.5 倍采用；其他情况可采用内插法取值。

ξ_y——楼层屈服强度系数。

表 3 - 15 弹塑性层间位移增大系数

结构类型	总层数 n 或部位	ξ_y		
		0.5	0.4	0.3
多层均匀框架结构	2~4 层	1.30	1.40	1.60
	5~7 层	1.50	1.65	1.80
	8~12 层	1.80	2.00	2.20
单层厂房	上柱	1.30	1.60	2.00

（3）结构薄弱层（部位）的弹塑性层间位移验收。

在罕遇地震作用下，结构薄弱层的层间弹塑性位移应符合下式要求：

$$\Delta u_p \leqslant [\theta_p] h \tag{3-115}$$

式中：Δu_p——弹塑性层间位移。

$[\theta_p]$——弹塑性层间位移角限值，可按表 3 - 16 采用；对钢筋混凝土框架结构，当轴压比小于 0.40 时，可提高 10%；当柱子全高的箍筋构造采用比规定的最小配箍特征值大 30% 时，可提高 20%，但累计不超过 25%。

h——薄弱层楼层高度或单层厂房上柱高度。

表 3 - 16 弹塑性层间位移角限值/(°)

结构类型	$[\theta_p]$
单层钢筋混凝土柱排架	1/30
钢筋混凝土框架	1/50
底部框架砌体房屋中的框架—抗震墙	1/100
钢筋混凝土框架—抗震墙、板柱—抗震墙、框架—核心筒	1/100
钢筋混凝土抗震墙、筒中筒	1/120
多、高层钢结构	1/50

复习思考题

1. 什么是地震作用？怎样确定结构的地震作用？
2. 什么是建筑结构的重力荷载代表值？怎样确定它们的系数？
3. 什么是地震系数和地震影响系数？它们有何关系？
4. 什么是加速度反应谱曲线？影响 $a - T$ 曲线形状的因素有哪些？质点的水平地震哪些

因素有关?

5. 什么是等效总重力荷载? 怎样确定?

6. 简述确定结构地震底部剪力法和振型分解反应谱法的基本原理和步骤。

7. 哪些结构需要考虑竖向地震作用? 怎样确定结构的竖向地震作用?

8. 简述构件地震作用效应和其他荷载效应的基本组合中各分项系数的含义。

9. 怎样进行结构截面抗震承载力验算? 怎样进行结构抗震变形验算?

10. 什么是楼层屈服强度系数? 怎样确定结构薄弱层或部位?

第4章 混凝土结构抗震设计

【读一读】

　　框架结构是一种常见的混凝土结构，图4-1(a)、(b)为框架结构中的框架柱所受震害，在抗震设防方面我们应该采取哪些措施呢？

(a)框架柱柱顶破坏　　　　　　　　　　　(b)框架柱柱底破坏

图4-1　框架结构中的框架柱所受震害

4.1 震害现象及其分析

4.1.1 场地影响产生的震害

　　场地、地基对上部结构造成的震害主要有两个方面：一方面是地基失效导致房屋不均匀沉降甚至倒塌；另一方面是场地土质条件影响地震波的传播特性，使建筑物产生不同的地震反应。当房屋的自振周期与场地地基土的自振周期相近时，有可能发生共振而加重房屋的震害，有时即使烈度不高，但建筑物的破坏比预计的严重得多。在1976年的唐山地震中，位于塘沽地区(抗震设防烈度为 8 度)的 7 ~ 10 层框架结构,因其自振周期(0.6 ~ 1.0 s)与该场地土(海滨)的自振周期(0.8 ~ 1.0 s)相一致,发生了共振,导致该类框架结构破坏严重。

4.1.2　总体结构布置不合理造成的震害

1. 结构平面布置不合理造成的房屋震害

结构平面布置的关键是避免扭转并确保水平传力途径的有效性和抗侧力结构的协同工作能力。应使结构的刚度中心和质量中心一致或者基本一致,否则,地震时将使结构产生平动与扭转耦联振动,使远离刚度中心的构件侧向位移及所分担的地震剪力明显增大,产生较严重的破坏。

图 4 - 2(a)、(b)中的两栋建筑,其刚度、质量分布严重不均匀,强震中在连接部位发生了局部倒塌,为扭转不规则的建筑,具有明显的抗震薄弱环节,在遭遇地震烈度为 9 度的强地震影响时,建筑在 L 形的转角部位发生了严重的破坏。

(a)

(b)

图 4 - 2　两栋 L 形的不规则建筑

再例如天津市人民印刷厂车间,其为一栋 6 层现浇钢筋混凝土框架结构,平面为 L 形(图 4 - 3),主要抗侧力构件(电梯间)偏置,地震时由于受扭而使几根角柱破坏。由于设计时没有考虑到扭转的影响,1976 年唐山地震时产生了强烈的扭转反应,导致角柱严重破坏,东南角柱产生纵向裂缝,东北角柱梁柱节点的混凝土酥裂。

因此,结构平面布置时,每个结构单元应尽量采用方形、圆形、正多边形、矩形、椭圆形等简单规则的平面形状(图 4 - 4),避免主要抗侧力构件(如钢筋混凝土抗震墙、核心筒等)的偏置(图 4 - 5、图 4 - 6)。

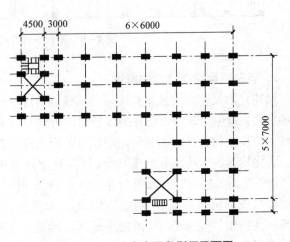

图 4 - 3　天津市人民印刷厂平面图

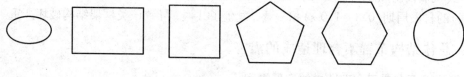

图 4 - 4　有利于抗震的简单规则平面

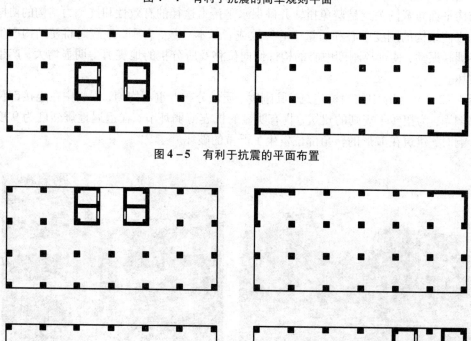

图 4 - 5　有利于抗震的平面布置

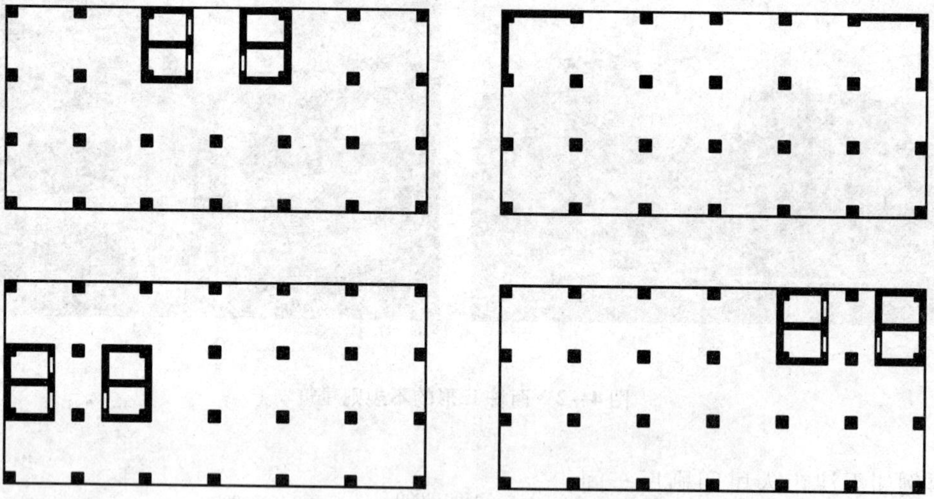

图 4 - 6　不利于抗震的平面布置

2. 竖向刚度突变造成的震害

结构立面及竖向剖面布置须避免承载力及楼层刚度的突变,避免出现薄弱层并确保竖向传力途径的有效性。应使结构的承载力和竖向刚度自下而上逐渐减小,变化均匀、连续,不出现突变(如混凝土强度等级、构件截面等避免同时改变),否则,在地震作用下某些楼层或部位将形成软弱层或薄弱层(率先屈服,出现较大的塑性变形集中)而加重破坏。因此,建筑立面应尽量采用矩形、梯形、三角形等均匀变化的几何形状(图 4-7),避免采用带有突然变化的阶梯形立面(图 4-8)例如大底盘结构、上部楼层收进尺寸

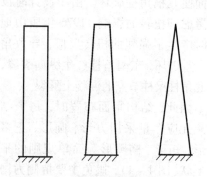

图 4 - 7　有利于抗震的建筑立面

过大等,在刚度突变部位出现应力集中现象。上部结构刚度减小过快时结构的高振型反应即鞭梢效应明显,在结构顶部出现变形集中现象,从而导致破坏(图 4 - 9)。

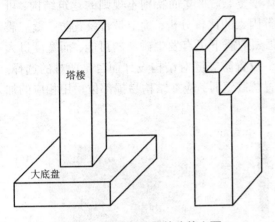

图 4 - 8　不利于抗震的建筑立面

图 4 - 9　屋顶小塔楼倒塌

建筑设计应符合抗震概念设计的要求,不规则的建筑方案应按《规范》要求采取加强措施;特别不规则的建筑方案应进行专门研究和论证,采取特别的加强措施,不应采用严重不规则的建筑方案。对于建筑及其抗侧力结构的平面布置宜规则、对称,并具有良好的整体性。合理的建筑布置在抗震设计中是至关重要的,提倡平立面简单对称。因为震害表明,简单、对称的建筑在地震时较不容易破坏。建筑物的"规则"指对建筑的平、立面外形尺寸,抗侧力构件布置、质量分布以及承载力分布等诸多因素的综合要求。关于不规则建筑和严重不规则建筑形式的定义见表 4 - 1(a)、(b)。

表 4 - 1(a)　平面不规则的主要类型

不规则类型	定义和参考指标
扭转不规则	在具有偶然偏心的规定水平力作用下,楼层两端抗侧力构件弹性水平位移(或层间位移)的最大值与平均值的比值大于 1.2
凹凸不规则	平面凹进的尺寸,大于相应投影方向总尺寸的 30%
楼板局部不连续	楼板的尺寸和平面刚度急剧变化,例如,有效楼板宽度小于该层楼板典型宽度的 50%,或开洞面积大于该层楼面面积的 30%,或较大的楼层错层

表 4 - 1(b)　竖向不规则的主要类型

不规则类型	定义和参考指标
侧向刚度不规则	该层的侧向刚度小于相邻上一层的 70%,或小于其上相邻三个楼层侧向刚度平均值的 80%;除顶层或出屋面小建筑外,局部收进的水平向尺寸大于相邻下一层的 25%
竖向抗侧力构件不连续	竖向抗侧力构件(柱、抗震墙、抗震支撑)的内力由水平转换构件(梁、桁架等)向下传递
楼层承载力突变	抗侧力结构的层间受剪承载力小于相邻上一楼层的 80%

3. 防震缝设置不合理产生的震害

在强烈地震作用下由于地面运动变化、结构扭转、地基变化等复杂因素影响，其相邻结构仍有可能因局部碰撞而被损坏(图4-10)。体型复杂、平立面特别不规则的建筑结构，可根据不规则的程度、地基基础条件和技术经济等因素的比较分析，确定是否设置防震缝。震害表明，按《规范》要求确定的防震缝宽度，在强烈地震下仍有发生碰撞的可能，而宽度过大的防震缝又会给建筑立面设计带来困难。因此，设置防震缝对结构设计而言是两难的选择。一般情况下，应优先考虑不设防震缝。当不设置防震缝时，应在结构易损部位采用相应的加强措施。

图4-10　钢筋混凝土房屋防震缝震害

当设置防震缝时，应采用符合实际的计算模型，分析判别其应力集中、变形集中、地震扭转效应等导致的易损部位，采取相应的加强措施；当设置防震缝时，宜形成多个较规则的抗侧力结构单元(图4-11)。防震缝应根据抗震设防烈度、结构材料种类、结构类型、结构单元的高度和高差情况，留有足够的宽度，其两侧的上部结构应完全分开。当设置伸缩缝和沉降缝时，其宽度应符合防震缝的要求。

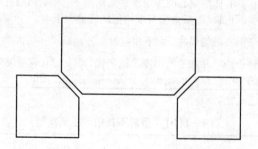

图4-11　复杂平面划分为几个简单平面

4.1.3　混凝土结构构件的震害及分析

混凝土结构构件的震害位置大多发生在柱端、梁柱节点、梁端、填充墙、楼梯、板、连梁等部位。一般规律是：柱的震害重于梁，柱顶震害重于柱底，角柱震害重于内柱，短柱震害重于一般柱。具体震害情况如下。

1. 柱

按破坏位置分类，可分为角柱破坏、短柱破坏。

（1）角柱破坏。

框架结构中的框架柱是主要的受力构件，尤其是底层柱，由于双向受弯、受剪，加上扭转作用，角柱的震害比内柱严重。柱的破坏位置一般在柱顶和柱底（图 4－12）。有的角柱的上下柱身错动，钢筋由柱内拔出，有的节点混凝土剥落，有的角柱端部开裂，有的柱脚混凝土压碎，有的底层柱柱头倾斜破坏。

图 4－12　框架柱柱顶、柱底破坏

（2）短柱破坏。

如绵阳市财政局大楼为十五层框架－剪力墙结构，其出屋面水箱间、短柱混凝土破坏，钢筋笼呈灯笼状，如图 4－13（a）所示。也有因填充墙不合理而导致的短柱破坏，如图 4－13（b）所示。

(a)出屋面水箱间短柱破坏　　　　(b)填充墙不合理导致的短柱破坏

图 4－13　短柱破坏

2. 梁柱节点区

梁柱节点区受力复杂，受剪承载力不足，在节点核心区会产生对角方向的斜裂缝或交叉斜裂缝，混凝土剥落。若箍筋配置较少，柱的纵向钢筋失去约束而压曲外鼓，或者梁筋锚固长度不够以及施工质量差，都会导致梁柱节点区破坏。如图4-14所示。

图4-14　梁柱节点区的震害

3. 梁

框架梁的震害较轻，一般出现在与柱连接的端部(图4-15)。表现为梁端的竖向弯曲裂缝或剪切斜裂缝。在水平地震的反复作用下，梁两端屈服后产生的剪力较大，超过了梁的受剪承载力，加之主筋在梁端节点内锚固长度不够、锚固构造不到位，都会使梁产生斜裂缝、混凝土剪压破坏或锚固破坏。

(a)梁端剪切斜裂缝　　　　　　　　　　　(b)梁端开裂锚固破坏

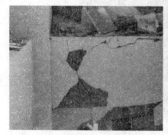

(c)框架梁端弯曲裂缝

图4-15　梁的震害

4. 填充墙

框架结构中砌筑填充墙，在水平地震作用下容易发生墙面斜裂缝或者交叉裂缝，尤其在端墙、窗间墙和门窗洞口边角部位的破坏更加严重。在高地震烈度作用下，墙体会倒塌，会外闪（图 4－16）。由于框架的变形属于剪切型，下部层间位移较大，填充墙的震害表现为"下重上轻"的现象。若填充墙和主体框架之间没有钢筋拉结，墙面开洞过大、过多，施工质量差等因素，都会使填充墙震害加重。

图 4－16　填充墙的震害

5. 楼梯

楼梯是多层房屋建筑中疏散人群的主要通道，地震发生时，楼梯是极其重要的安全通道，若楼梯破坏会影响人员逃生。楼梯对框架结构提供了较大的抗侧移刚度，在水平地震的往复作用下，楼梯的梁板呈弯矩、剪力及扭矩的复杂受力状态。楼梯的震害（图 4－17）多表现为：楼梯板出现水平裂缝，平台梁板出现剪切裂缝，楼梯平台梁支承柱节点破坏，楼梯板施工缝处开裂，楼梯受力筋压屈或个别断裂、平台梁板混凝土崩落、钢筋外露，短柱效应，楼梯板受拉破坏，楼梯梁断裂并与楼梯板拉开。

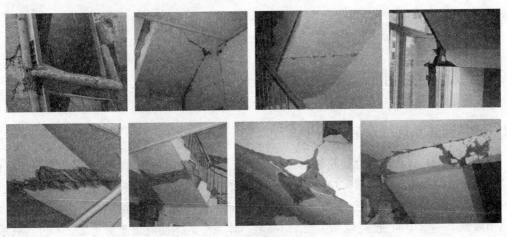

图 4－17　楼梯的震害

6. 板

板的破坏不太多。板的震害有板四角的 45°斜裂缝、平行于梁的通长裂缝等。

7. 抗震墙的破坏

抗震墙即为剪力墙，在结构抗侧力体系中对主体结构的侧向刚度有贡献，能承担地震剪力的主要结构构件。连梁和墙肢底层的破坏是抗震墙的主要震害（图 4－18）。在强震作用下，由于连梁跨度较小、高度大，是高跨比特别大的深梁，不能单独作为梁受力，在反复荷载作用下形成 X 形剪切裂缝，这种破坏为剪切型脆性破坏，尤其是在房屋 1/3 高度处的连梁破坏更为明显。

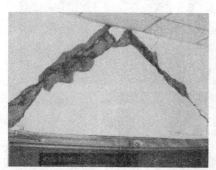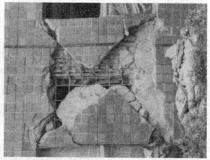

(a)连梁破坏的X形裂缝

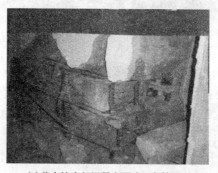

(b)剪力墙底部混凝土压碎，主筋压屈

图 4－18　抗震墙的震害

4.2　混凝土结构抗震概念设计

4.2.1　结构体系选择及最大适用高度

结构体系的选择，需结合建筑物的抗震设防类别、抗震设防烈度、建筑高度、场地条件、地基、结构材料和施工等因素，并经技术、经济和使用条件综合比较确定。《规范》规定，房屋的结构类型和最大高度如表 4－2 所示，对于平面和竖向均不规则的结构，适用的最大高度宜适当降低。本章中的"抗震墙"是指结构抗侧力体系中的钢筋混凝土剪力墙，不包括只承担重力荷载的混凝土墙。

表 4－2　现浇钢筋混凝土房屋适用的最大高度/m

结构类型		抗震设防烈度				
		6 度	7 度	8 度(0.2g)	8 度(0.3g)	9 度
框架		60	50	40	35	24
框架—抗震墙		130	120	100	80	50
抗震墙		140	120	100	80	60
部分框支抗震墙		120	100	80	50	不应采用
筒体	框架—核心筒	150	130	100	90	70
	筒中筒	180	150	120	100	80
板柱－抗震墙		80	70	55	40	不应采用

注：1. 房屋高度指室外地面到主要屋面板板顶的高度(不包括局部突出屋顶部分)。2. 框架－核心筒结构指周边稀柱框架与核心筒组成的结构。3. 部分框支抗震墙结构指首层或底部两层为框支层的结构，不包括仅个别框支墙的情况。4. 表中框架，不包括异形柱框架。5. 板柱－抗震墙结构指板柱、框架和抗震墙组成抗侧力体系的结构。6. 乙类建筑可按本地区抗震设防烈度确定其适用的最大高度。7. 超过表内高度的房屋，应进行专门研究和论证，采取有效的加强措施。

表 4－2 中的房屋高度 H 是指室外地面至主要屋面高度，不包括局部突出屋面的电梯机房、水箱、构架等高度，如图 4－19 所示。①对屋顶面面积与下层面积相比有突变者，当屋面面积小于其下层面积的 40% 时，可作为屋顶"局部突出"考虑，房屋高度的计算范围内不包含"局部突出"的楼层。②对屋顶层面积与其下层面积相比缓变者，当屋面面积小于其下缓变前标准楼层面积的 40% 时，可作为屋顶"局部突出"考虑，房屋高度的计算范围内不包含"局部突出"的楼层。

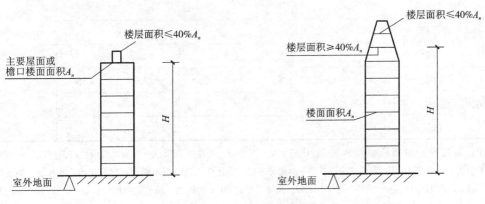

图 4－19　房屋高度示意图

4.2.2　抗震等级

钢筋混凝土房屋应根据抗震设防类别、烈度以及结构类型、房屋高度采用不同的抗震等级，并应符合相应的计算和构造措施要求。抗震等级分为一级、二级、三级和四级，一级要求最高。丙类建筑的抗震等级应按表 4－3 确定。

表4-3　现浇钢筋混凝土房屋的抗震等级

结构类型		抗震设防烈度									
		6度		7度			8度			9度	
框架结构	高度/m	≤24	>24	≤24	>24		≤24	>24		≤24	
	框架	四	三	三	二		二	一		一	
	大跨度框架	三		二			一			一	
框架—抗震墙结构	高度/m	≤60	>60	≤24	25~60	>60	≤24	25~60	>60	≤24	25~50
	框架	四	三	四	三	二	三	二	一	二	一
	抗震墙	三		三	二		一			一	
抗震墙结构	高度/m	≤80	>80	≤24	25~80	>80	≤24	25~80	>80	≤24	25~60
	抗震墙	四	三	四	三	二	三	二	一	二	一
部分框支抗震墙结构	高度/m	≤80	>80	≤24	25~80	>80	≤24	25~80			
	抗震墙 一般部位	四	三	四	三	二	三	二			
	抗震墙 加强部位	三	二	三	二	一	二	一			
	框支层框架	二		二			一	一			
框架—核心筒结构	框架	三		二			一				
	核心筒	二		二			一				
筒中筒结构	外筒	三		二			一				
	内筒	三		二			一				
板柱—抗震墙结构	高度/m	≤35	>35	≤35	>35		≤35	>35			
	框架、板柱的柱	三	二	二	二		二	一			
	抗震墙	二	二	二	二		二	一			

注：1. 建筑场地为Ⅰ类场地时，除抗震设防烈度为6度外应允许按表内降低一度所对应的抗震等级采取抗震构造措施，但相应的计算要求不应降低。2. 接近或等于高度分界时，应允许结合房屋不规则程度及场地、地基条件确定抗震等级。3. 大跨度框架指跨度不小于18m的框架。4. 高度不超过60m的框架—核心筒结构按框架—抗震墙的要求设计时，应按表中框架—抗震墙结构的规定确定其抗震等级。

钢筋混凝土房屋抗震等级的确定，尚应符合下列要求：

（1）设置少量抗震墙的框架结构，在规定的水平力作用下，底层框架部分所承担的地震倾覆力矩大于结构总地震倾覆力矩的50%时，其框架的抗震等级应按框架结构确定，抗震墙的抗震等级可与其框架的抗震等级相同。

（2）裙房与主楼相连，除应按裙房本身确定抗震等级外，相关范围不应低于主楼的抗震等级；主楼结构在裙房顶板对应的相邻上下各一层应加强抗震构造措施。裙房与主楼分离时，应按裙房本身确定抗震等级（图4-20）。

（3）当地下室顶板作为上部结构的嵌固部位时，地下一层的抗震等级应与上部结构相同，地下一层以下抗震构造措施的抗震等级可逐层降低一级，但不应低于四级。地下室中无上部结构的部分，抗震构造措施的抗震等级可根据具体情况采用三级或四级（图4-21）。

（4）当甲乙类建筑按规定提高一度确定其抗震等级而房屋的高度超过《规范》规定的最大高度时，应采取比提高一级更有效的抗震构造措施。

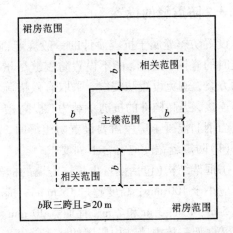

图4-20　有裙房的房屋的抗震等级示意图

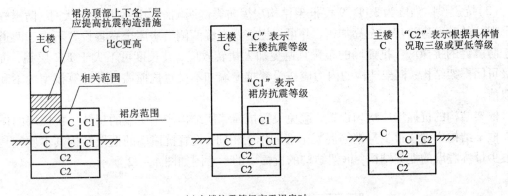

(a)主楼抗震等级高于裙房时

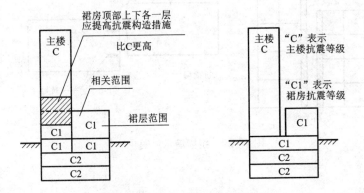

(b)主楼抗震等级低于裙房时

图4-21　主楼、裙房、地下室的抗震等级

4.2.3 防震缝的设置

设置防震缝属于抗震设计的一般规定，由于按《规范》要求确定的防震缝宽度仍难以避免大震时的碰撞，因此，能不设置防震缝尽量不要设置防震缝。对高层建筑宜选用合理的建筑结构方案，避免设置防震缝，采取有效措施消除不设防震缝的不利影响。关键部位应加强构造与连接，提高构件的抗剪承载力，提高相关构件抵抗差异沉降的能力。

当钢筋混凝土房屋需要设置防震缝时，应符合下列规定：

（1）防震缝宽度应符合下列要求。

①框架结构（包括设置少量抗震墙的框架结构）房屋的防震缝宽度，当高度不超过 15 mm 时不应小于 100 mm；高度超过 15 m 时，抗震设防烈度为 6 度、7 度、8 度和 9 度分别每增加高度 5 m、4 m、3 m 和 2 m，宜加宽 20 mm。

②框架—抗震墙结构房屋的防震缝宽度不应小于上述①规定数值的70%，抗震墙结构房屋的防震缝宽度不应小于上述①规定数值的50%，且均不宜小于 100 mm。

③防震缝两侧结构类型不同时，宜按需要较宽防震缝的结构类型和较低房屋高度确定缝宽。

（2）抗震设防烈度为 8 度、9 度框架结构房屋防震缝两侧结构层高相差较大时，防震缝两侧框架柱的箍筋应沿房屋全高加密，并可根据需要在缝两侧沿房屋全高各设置不少于两道垂直于防震缝的抗撞墙。抗撞墙的布置宜避免加大扭转效应，其长度可不大于 1/2 层高，抗震等级可同框架结构；框架结构的内力应按设置抗撞墙和不设置抗撞墙两种计算模型的不利情况取值。

框架结构的抗撞墙应均匀设置，避免设置抗撞墙使结构产生明显的扭转。抗撞墙的作用与在框架结构中设置很少量钢筋混凝土墙的作用相同，设置抗撞墙的框架结构其本质就是设置很少量抗震墙的框架结构，框架结构的抗撞墙的示意图如图 4-22 所示。

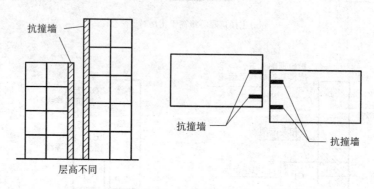

图 4-22　抗撞墙示意图

4.2.4 结构布置

为抵抗不同方向的地震作用，框架结构和框架—抗震墙结构中的框架和抗震墙均应双向设置；为防止柱发生扭转，柱中线与抗震墙中线、梁中线与柱中线之间偏心距大于柱宽的1/4时，应计入偏心的影响。

为了使楼盖、屋盖有效地将楼层地震剪力传给抗震墙，框架—抗震墙、板柱—抗震墙结构及框支层中，抗震墙之间无大洞口的楼、屋盖的长宽比不宜过大，否则应计入楼盖平面内变形的影响。

框架—抗震墙结构采用装配整体式楼、屋盖时，应采取措施保证楼、屋盖的整体性及其与抗震墙的可靠连接。装配整体式楼、屋盖采用配筋现浇面层加强时，其厚度不应小于50 mm。

框架—抗震墙结构和板柱—抗震墙结构中的抗震墙设置，宜符合下列要求：

(1)抗震墙宜贯通房屋全高。

(2)楼梯间宜设置抗震墙，但不宜造成较大的扭转效应。

(3)抗震墙的两端(不包括洞口两侧)宜设置端柱或与另一方向的抗震墙相连。

(4)房屋较长时，刚度较大的纵向抗震墙不宜设置在房屋的端开间。

(5)抗震墙洞口宜上下对齐；洞边距端柱不宜小于300 mm。

框架—抗震墙结构、板柱—抗震墙结构中的抗震墙基础和部分框支抗震墙结构的落地抗震墙基础，应有良好的整体性和抗转动的能力。

4.2.5　抗震墙的局部加强

为了设计延性抗震墙，一般应控制在抗震墙底部(即嵌固端以上一定高度)范围内屈服、出现塑性铰，该区域抗震墙由于在水平荷载作用下的弯矩和剪力均在底部最大，因此将该区域作为底部加强部位，在此范围内，须提高其抗剪承载力并加强抗震构造措施，使其具有较大的弹塑性变形能力，从而提高整个结构在罕遇地震作用下的抗倒塌能力。

抗震墙底部加强部位的范围是：底部加强部位的高度，应从地下室顶板算起；部分框支抗震墙结构的抗震墙，其底部加强部位的高度，可取框支层加框支层以上两层的高度和落地抗震墙总高度的 1/10 这二者之间的较大值。其他结构的抗震墙，当房屋高度大于 24 m 时，底部加强部位的高度可取底部两层的高度和墙体总高度的 1/10 这二者的较大值；房屋高度不大于 24 m 时，底部加强部位的高度可取底部一层；当结构计算嵌固端位于地下一层的底板或以下时，底部加强部位尚宜向下延伸到计算嵌固端。当计算嵌固端在基础顶面时，底部加强部位延伸至基础顶面。

4.3　框架结构的抗震设计

4.3.1　抗震设计步骤及地震作用计算

结构计算考虑地震作用时，一般可不考虑风荷载的影响。结构抗震计算的内容一般包括：

(1)结构动力特性分析，主要是结构自振周期的确定；

(2)结构地震反应计算，包括多遇烈度下的地震荷载与结构侧移；

(3)结构内力分析；

(4)截面抗震设计等。

整个设计步骤如图 4 - 23 所示。

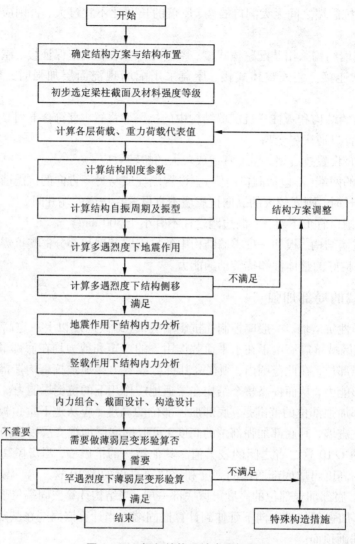

图 4 – 23　框架结构设计步骤框图

　　框架结构的抗震设计，一般情况下可在建筑结构的两个主轴方向分别考虑水平地震作用并进行抗震验算，各方向的水平地震作用主要由该方向抗侧力框架结构承担。

　　框架结构地震作用的计算可采用底部剪力法、振型分解反应谱法和时程分析法。对于高度不超过 40 m，以剪切变形为主且质量和刚度沿高度分布比较均匀的结构，通常采用底部剪力法。

　　当采用底部剪力法确定底部总地震剪力时首先要确定结构的基本自振周期。通常确定结构自振周期的方法有：

　　(1) 根据结构动力方程求特征值。

　　(2) 实用近似计算方法，比较常用的有能量法和顶点位移法等。

　　(3) 还可按下式只考虑层数 N 影响的粗略估算：

$$T_1 = (0.08 \sim 0.1)N \tag{4-1}$$

在罕遇地震作用下要求结构处于弹性状态是不必要，也是不经济的。通常是在中等烈度的地震作用下允许结构的某些构件屈服，出现塑性铰，使结构刚度降低，塑性变形加大。当塑性铰达到一定数量后，结构会出现屈服现象，即承受的地震作用力不增加或增加很少，而结构变形迅速增加。

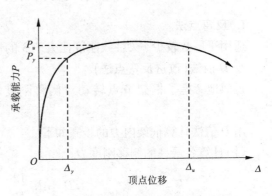

图 4-24 为延性结构的荷载—位移曲线。延性结构是能维持承载能力而又具有较大塑性变形能力的结构。

图 4-24　延性结构的荷载—位移曲线

结构延性能力通常用顶点水平位移延性比来衡量。

延性比定义：

$$\mu = \Delta_u / \Delta_y \tag{4-2}$$

其中：Δ_y——结构屈服时的顶点位移；

　　Δ_u——能维持承载能力的最大顶点位移。

结构的地震作用，一般情况下，计算多层框架结构的水平地震作用时，应以防震缝所划分的结构单元作为计算单元，在计算单元中各楼层重力荷载代表值的集中质点 G_i 设在楼（屋）盖标高处。

用底部剪力法分别求单元的总水平地震作用标准值 F_{Ek}，各层水平地震作用标准值 F_i 和顶部附加水平地震作用标准值 ΔF_n。

$$F_{Ek} = \alpha_1 G_{eq} \qquad F_i = \frac{H_i G_i}{\sum_{k=1}^{n} H_k G_k} F_{Ek}(1 - \delta_n) \qquad \Delta F_n = \delta_n F_{Ek} \tag{4-3}$$

按式（4-3）计算，必须先确定结构的基本自振周期数值。一般多采用顶点位移法计算结构基本周期。

$$T_1 = 1.7 \psi_T \sqrt{\mu_T} \tag{4-4}$$

式中：ψ_T——考虑非结构墙体刚度影响的周期折减系数，当采用实砌填充砖墙时取 0.6 ~ 0.7；当采用轻质墙、外挂墙板时取 0.8。

　　u_T——假想集中在各层楼面处的重力荷载代表值 G_i 为水平荷载，按弹性方法所求得的结构顶点假想位移，单位 m。

注意：对于有突出于屋面的屋顶间（电梯间、水箱间）等的框架结构房屋，结构顶点假想位移 u_T 指主体结构顶点的位移。

第 i 层的地震剪力 V_i 为：

$$V_i = \sum_{j=i}^{n} F_j + \Delta F_n \tag{4-5}$$

求得第 i 层的地震剪力 V_i 后，再按该层各柱的侧移刚度求其分担的水平地震剪力标准值。一般仅将砖填充墙作为非结构构件，不考虑其抗侧力作用。

4.3.2 水平地震作用下框架内力的计算

1. 反弯点法

适用于层数较少、梁柱线刚度比大于 3 的情况,计算比较简单。

2. D 值法(改进反弯点法)

近似地考虑了框架节点转动对侧移刚度和反弯点高度的影响,比较精确,应用比较广泛。

用 D 值法计算框架内力的步骤如下。

(1)计算各层柱的侧移刚度 D。

$$D = \alpha K_c \frac{12}{h^2} \qquad K_c = \frac{E_c I_C}{h} \qquad (4-6)$$

式中:K_c——柱的线刚度;

    h——楼层高度;

    α——节点转动影响系数,按表 4-4 取用。

(2)计算各柱所分配的剪力 V_{ij}。

$$V_{ij} = \frac{D_{ij}}{\sum_{j=1}^{n} D_{ij}} \times V_i \qquad (4-7)$$

(3)确定反弯点高度 y。

$$y = (y_0 + y_1 + y_2 + y_3)h \qquad (4-8)$$

表 4-4　节点转动影响系数 α

楼层	简图	K	α
一般层		$K = \dfrac{i_1 + i_2 + i_3 + i_4}{2i_c}$	$\alpha = \dfrac{K}{2+K}$
底层		$\dfrac{i_1 + i_2}{i_c}$	$\dfrac{0.5+K}{2+K}$

88

（4）计算柱端弯矩 M_c。

上端：

$$M_\mathrm{c}^\mathrm{u} = V_{ij} \times (h - y) \qquad (4-9\mathrm{a})$$

下端：

$$M_\mathrm{c}^\mathrm{l} = V_{ij} \times y \qquad (4-9\mathrm{b})$$

（5）计算梁端弯矩 M_b。

梁端弯矩可按节点弯矩平衡条件，将节点上、下柱端弯矩之和按左、右梁的线刚度比例分配，如图 4-25 所示。

$$M_\mathrm{b}^\mathrm{l} = (M_\mathrm{c}^\mathrm{u} + M_\mathrm{c}^\mathrm{l}) \frac{K_1}{K_2 + K_2} \qquad (4-10\mathrm{a})$$

$$M_\mathrm{b}^\mathrm{r} = (M_\mathrm{c}^\mathrm{u} + M_\mathrm{c}^\mathrm{l}) \frac{K_2}{K_1 + K_2} \qquad (4-10\mathrm{b})$$

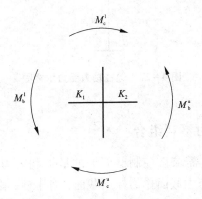

图 4-25　梁端弯矩计算示意图

（6）计算梁端剪力 V_b。

根据梁的两端弯矩，按下式计算：

$$V_\mathrm{b} = \frac{M_\mathrm{b}^\mathrm{l} + M_\mathrm{b}^\mathrm{r}}{l} \qquad (4-11)$$

计算图如图 4-26 所示。

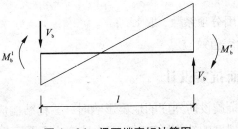

图 4-26　梁两端弯矩计算图

（7）计算柱轴力 N。

边柱轴力为各层梁端剪力按层叠加，中柱轴力为柱两侧梁端剪力之差，亦按层叠加。

底层柱轴力为：

$$N = V_{b1} + V_{b2} + V_{b3} + V_{b4} \qquad (4-12)$$

边柱轴力受力示意图如图 4 – 27 所示。

图 4 – 27　边柱轴力受力示意图

4.3.3　控制截面及其内力不利组合

在进行构件截面设计时，需求得控制截面上的最不利内力作为配筋的依据。对于框架梁，一般选梁的两端截面和跨中截面作为控制截面；对于柱，则选柱的上、下端截面作为控制截面。

多、高层钢筋混凝土框架结构的抗震设计中，应考虑荷载效应与地震作用效应的基本组合。对于一般的框架结构，可不考虑风荷载的组合(60 m 以下，抗震设防烈度 9 度以下)，只考虑水平地震作用和重力荷载代表值参与组合的情况，其内力组合的设计值 S 为

$$S = \gamma_G S_{GK} + \gamma_{Eh} S_{Ehk} \qquad (4-13)$$

式中：S——结构构件内力组合的设计值；

　　γ_G——重力荷载分项系数，一般取 1.2，当重力荷载效应对构件的承载力有利时，不应大于 1.0；

　　γ_{Eh}——水平地震作用分项系数，取 1.3；

　　S_{GK}——重力荷载代表值效应。

4.3.4　框架结构的截面抗震设计

当遭受相当于本地区抗震设防烈度的地震影响时，工程结构应具有良好的耗能能力；当遭受高于本地区抗震设防烈度的地震影响时，工程结构应不至于倒塌或者发生危及生命的严重破坏。因此我们需要我们的工程结构具有足够的延性，特别是承受荷载和地震作用的重要构件。构件的延性是以其截面塑性铰的出现顺序和转动能力来度量的，因此在进行结构抗震设计时，应注意构件塑性铰的设计，以使结构具有较大的延性。《规范》通过采用"强柱弱梁，

强剪弱弯，强节点弱构件，强锚固”的原则进行设计计算，以保证结构的延性。

　　“强柱弱梁”使塑性铰首先在框架梁端出现，应尽量避免或减少在柱中出现。图 4 - 28 是框架结构出现塑性铰的破坏示意图，图中 A 代表的是“强梁弱柱”，B 代表的是“强柱弱梁”。(a)是出现塑性铰变形之前的示意图，(b)是出现塑性铰破坏的示意图。从图 4 - 28 中可以看出，“强柱弱梁”中梁先出现塑性铰，因为梁只承担当层的荷载，在梁每一跨的两端出现塑性铰，依然是几何不变体系，不会破坏；假如出现三个塑性铰，在梁跨中再出现一个塑性铰，那么这三个塑性铰会在一条直线上形成瞬变体系，只要变形一点点就会变成几何不变体系，因而仍然不会破坏，从而确保了安全性。所以“强柱弱梁”当中，出现塑性铰的顺序是梁先出现塑性铰，最多可以出现三个。但是，“强梁弱柱”中，梁不会出现塑性铰，因为柱是承受整体荷载，一旦柱先出现塑性铰，只要柱在某层顶部和底部出现两个塑性铰，便会倒塌，安全性不能保证。

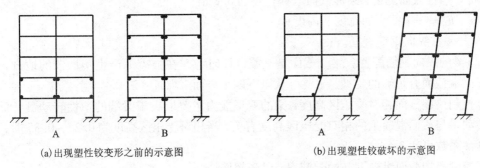

(a)出现塑性铰变形之前的示意图　　　　　　　　(b)出现塑性铰破坏的示意图

图 4 - 28　框架结构“强梁弱柱”(A)和“强柱弱梁”(B)的塑性铰示意图

　　“强剪弱弯”是指对于同一杆件，在地震作用组合下，其剪力设计值略大于按设计弯矩或实际抗弯承载力及梁上荷载反算出的剪力。

　　根据“强柱弱梁”和“强剪弱弯”进行的截面内力调整和截面的抗震承载力验算等具体计算详见《规范》6.2 节的计算要点，本节不再详述。

　　节点核心区是指梁、柱相交的公共部分，框架梁和柱在节点处采用刚接形式来传递弯矩、剪力。震害表明，节点的破坏形式主要是节点核心区的剪切破坏和由于梁的纵向受力钢筋在节点区内锚固不足而引起的锚固破坏，因此在抗震设计时要根据“强节点、强锚固”原则，对一、二、三级框架，需要进行节点核心区的抗震计算；对四级框架的节点核心区可不进行抗震验算，但应符合抗震构造措施的要求。核心区截面抗震验算方法应符合《规范》附录 D 的规定。

4.4　混凝土结构的抗震构造措施

4.4.1　框架结构的抗震构造措施

1. 框架梁的抗震构造措施
(1)梁截面尺寸。框架梁的截面尺寸，宜符合下列基本尺寸要求：
①截面宽度不宜小于 200 mm。强震作用下梁端塑性铰区混凝土保护层容易剥落，若梁

截面宽度过小，将使截面损失比例较大。

②截面高宽比不宜大于4，以防梁刚度降低后引起侧向失稳。

③净跨与截面高度之比不宜小于4。若跨高比小于4，则属于短梁，在反复弯剪作用下，斜裂缝将沿全长发展，从而使梁的延性及承载力急剧降低。

采用梁宽大于柱宽的扁梁时，为了避免或减小扭转的不利影响，楼、屋盖应现浇，梁中线宜与柱中线重合；为了使宽扁梁端部在柱外的纵向钢筋有足够的锚固，扁梁应双向设置；扁梁不宜用于一级框架结构。

扁梁的截面尺寸应符合下列要求，并应满足现行有关规范对挠度和裂缝宽度的规定

$$b_b \leqslant 2b_c \tag{4-14}$$

$$b_b \leqslant b_c + h_b \tag{4-15}$$

$$h_b \geqslant 16d \tag{4-16}$$

式中：b_c——柱截面宽度，圆形截面取柱直径的0.8倍；

b_b、h_b——梁截面的宽度和高度；

d——柱纵向钢筋直径。

（2）梁的纵向钢筋配置。梁端截面是抗震设计时考虑在强震下产生塑性铰的地方，所以要保证梁端截面有足够的延性，主要可从以下四个方面来保证：

①控制梁端截面相对受压区高度，梁的变形能力主要取决于梁端的塑性转动量，而梁的塑性转动量与截面混凝土的相对受压区高度有关，当相对受压区高度为0.25～0.35时，梁的位移延性系数可达3～4。

②控制梁端截面纵向钢筋的配筋率，以防超筋。

③控制梁端底面和顶面纵向钢筋的比值，该比值同样对梁的变形能力有较大影响，梁底钢筋可增加负弯矩时的塑性转动能力，还能防止在地震中梁底出现正弯矩时过早屈服或破坏过重而影响承载力和变形能力的正常发挥。

④梁端箍筋加密，当箍筋间距小于（6～8）d（d 为纵向钢筋直径）时，混凝土压碎前受压钢筋一般不会屈服，延性较好。

梁的纵向钢筋配置，应符合下列要求：

①梁端纵向受拉钢筋的配筋率不宜大于2.5%；且梁端计入受压钢筋的混凝土相对受压区高度和有效高度之比，一级不应大于0.25，二、三级不应大于0.35。

②梁端截面的底面和顶面纵向钢筋配筋量的比值，除按计算确定外，一级不应小于0.5，二、三级不应小于0.3。

③沿梁全长顶面和底面的钢筋，一、二级不应少于2Φ14，且分别不应少于梁顶面和底面纵向钢筋中较大截面面积的1/4；三、四级不应少于2Φ12。

④一、二、三级框架梁内贯通中柱的每根纵向钢筋直径，对框架结构不应大于矩形截面柱在该方向截面尺寸的1/20，或纵向钢筋所在位置圆形截面柱弦长的1/20；对其他结构类型的框架不宜大于矩形截面柱在该方向截面尺寸的1/20，或纵向钢筋所在位置圆形截面柱弦长的1/20。

（3）梁端部箍筋的配置。在地震作用下，梁端部极易产生剪切破坏，因此在梁端部一定范围内，箍筋间距应适当加密（这个范围叫作箍筋加密区）。梁端加密区的箍筋配置，应符合下列要求：

①加密区的长度、箍筋最大间距和最小直径应按表 4 - 5 采用。当梁端纵向受拉钢筋配筋率大于 2% 时,表中箍筋最小直径数值应增大 2 mm。

②加密区的箍筋肢距,一级不宜大于 200 mm 和 20 倍箍筋直径的较大值,二、三级不宜大于 250 mm 和 20 倍箍筋直径的较大值,四级不宜大于 300 mm。

表 4 - 5　梁端箍筋加密区的长度、箍筋的最大间距和最小直径/mm

抗震等级	加密区长度(采用较大值)	箍筋最大间距(采用较大值)	箍筋最小直径
一级	$2h_b$、500	$h_b/4$、$6d$、100	10
二级	$1.5h_b$、500	$h_b/4$、$8d$、100	8
三级	$1.5h_b$、500	$h_b/4$、$8d$、150	8
四级	$1.5h_b$、500	$h_b/4$、$8d$、150	6

注:d 为纵向钢筋直径,h_b 为梁截面高度。

2. 框架柱的抗震构造措施

(1)柱截面尺寸。框架柱的截面尺寸应符合下列要求:

①截面的宽度和高度,四级或不超过 2 层时不宜小于 300 mm,一、二、三级且超过 2 层时不宜小于 400 mm;圆柱的直径,四级或不超过 2 层时不宜小于 350 mm,一、二、三级且超过 2 层时不宜小于 450 mm。

②剪跨比宜大于 2。

③截面长边与短边的边长比不宜大于 3。

(2)柱的纵向钢筋配置。应符合下列要求:

①宜对称配置。

②截面边长大于 400 mm 的柱,纵向钢筋间距不宜大于 200 mm。

③柱纵向钢筋的最小总配筋率应按表 4 - 6 采用,同时每一侧配筋率不应小于 0.2%。对建造于 IV 类场地且较高的高层建筑,最小总配筋率应增加 0.1%。

表 4 - 6　柱纵向钢筋的最小总配筋率/%

类别	抗震等级			
	一级	二级	三级	四级
中柱和边柱	0.9(1.0)	0.7(0.8)	0.6(0.7)	0.5(0.6)
角柱、框支柱	1.1	0.9	0.8	0.7

注:1. 表中括号内数值用于框架结构的柱。2. 钢筋强度标准值小于 400 MPa 时,表中数值应增加 0.1;钢筋强度标准值为 400 MPa 时,表中数值增加 0.05。3. 混凝土强度等级高于 C60 时,上述数值应相应增加 0.1。

④柱总配筋率不应大于 5%;剪跨比不大于 2 的一级框架的柱,每侧纵向钢筋配筋率不宜大于 1.2%。

⑤边柱、角柱及抗震墙端柱在小偏心受拉时，柱内纵向钢筋总截面积应比计算值增加25%。

⑥柱纵向钢筋的绑扎接头应避开柱端的箍筋加密区。

（3）柱的箍筋配置。箍筋的主要作用是约束混凝土的横向变形，从而提高混凝土的抗压强度和变形能力，并为纵向钢筋提供侧向支撑，防止纵向钢筋压屈；此外，箍筋还能承担柱剪力。常用的箍筋形式如图4－29所示。

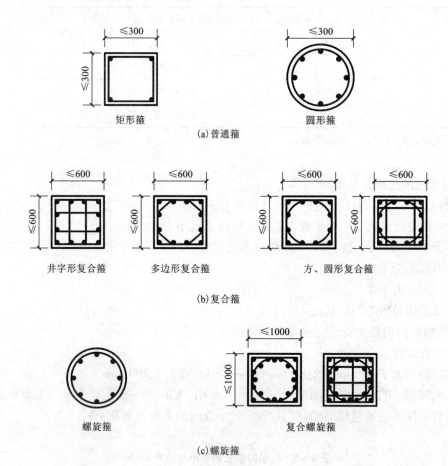

图4－29　各类箍筋示意图

普通箍指单个矩形箍和单个圆形箍；复合箍指由矩形、多边形、圆形箍或拉筋组成的箍筋；复合螺旋箍指由螺旋箍与矩形、多边形、圆形箍或拉筋组成的箍筋；连续复合矩形螺旋箍指全部螺旋箍为同一根钢筋加工而成的箍筋。其中，螺旋箍对混凝土约束作用最强、效果最好，复合箍次之，普通箍最差。当柱边长大于300 mm或直径大于350 mm时应采用复合箍。

（4）柱的箍筋加密范围。

①柱端，取截面高度（圆柱直径）、柱净高的1/6和500 mm三者中的最大值（图4－30）。

②底层柱的下端不小于柱净高的1/3；当有刚性地面时，除柱端外还应取刚性地面上下各500 mm（图4－31）。

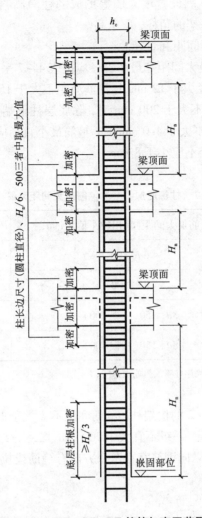

图 4 - 30　KZ、QZ、LZ 箍筋加密区范围

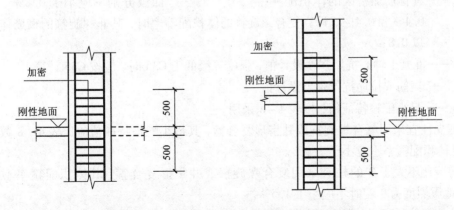

图 4 - 31　有刚性地面的底层柱的箍筋加密区范围

③剪跨比不大于2的柱,因设置填充墙等形成的柱净高与柱截面高度之比不大于4的柱、框支柱以及一级、二级框架的角柱,取全高。

(5)柱箍筋加密区的箍筋间距和直径。

①一般情况下,箍筋的最大间距和最小直径应按表4-7采用。

②一级框架柱的箍筋直径大于12 mm且箍筋肢距不大于150 mm及二级框架柱的箍筋直径不小于10 mm且箍筋肢距不大于200 mm时,除底层柱下端外,最大间距应允许采用150 mm;三级框架柱的截面尺寸不大于400 mm时,箍筋最小直径应允许采用6 mm;四级框架柱剪跨比不大于2时,箍筋直径不应小于8 mm。

表4-7 柱箍筋加密区的箍筋最大间距和最小直径

抗震等级	箍筋最大间距(采用较小值)/mm	箍筋最小直径/mm
一级	6d,100	10
二级	8d,100	8
三级	8d,150(柱根100)	8
四级	8d,150(柱根100)	6(柱根8)

注:d为柱纵筋最小直径;柱根指底层柱下端箍筋加密区。

③框支柱和剪跨比不大于2的框架柱,箍筋间距不应大于100 mm。

④柱箍筋加密区箍筋肢距,一级不宜大于200 mm,二、三级不宜大于250 mm,四级不宜大于300 mm。至少每隔一根纵向钢筋宜在两个方向有箍筋或拉筋约束;采用拉筋复合箍时,拉筋宜紧靠纵向钢筋并钩住箍筋。

(6)柱箍筋加密区的箍筋配筋率。

①柱箍筋加密区的体积配筋率,应符合下式要求

$$\rho_v \geq \lambda_v f_c / f_{yv} \tag{4-17}$$

式中:ρ_v——柱箍筋加密区的体积配箍率,一、二、三、四级分别不应小于0.8%、0.6%、0.4%和0.4%,计算复合螺旋箍的体积配箍率时,其非螺旋箍的箍筋体积应乘以0.8;

f_c——混凝土轴心抗压强度设计值,强度等级低于C35时,应按C35计算;

f_{yv}——箍筋或拉筋抗拉强度设计值;

λ_v——最小配箍特征值,按表4-8采用。

②框支柱宜采用复合螺旋箍或井字形复合箍,其最小配箍特征值应比表4-8数值增加0.02,且体积配箍率不应小于1.5%。

③剪跨比不大于2的柱宜采用复合螺旋箍或井字形复合箍,其体积配箍率不应小于1.2%,地震烈度为9度时不应小于1.5%。

④柱箍筋非加密区的体积配箍率不宜小于加密区的50%;箍筋间距,一、二级框架柱不应大于10倍纵向钢筋直径,三、四级框架柱不应大于15倍纵向钢筋直径。

表 4 - 8　柱箍筋加密区的箍筋最小配箍特征值

抗震等级	箍筋形式	柱轴压比								
		≤0.3	0.4	0.5	0.6	0.7	0.8	0.9	1.0	1.05
一级	普通箍、复合箍	0.10	0.11	0.13	0.15	0.17	0.20	0.23	—	—
	螺旋箍、复合或连续矩形螺旋箍	0.08	0.09	0.11	0.13	0.15	0.18	0.21	—	—
二级	普通箍、复合箍	0.08	0.09	0.11	0.13	0.15	0.17	0.19	0.22	0.24
	螺旋箍、复合或连续矩形螺旋箍	0.06	0.07	0.09	0.11	0.13	0.15	0.17	0.20	0.22
三级	普通箍、复合箍	0.06	0.07	0.09	0.11	0.13	0.15	0.17	0.20	0.22
	螺旋箍、复合或连续矩形螺旋箍	0.05	0.06	0.07	0.09	0.11	0.13	0.15	0.18	0.20

3. 框架节点核心区的抗震构造措施

框架节点核心区箍筋的最大间距和最小间距宜按柱箍筋加密的要求采用；一、二、三级框架节点核心区配箍特征值分别不宜小于 0.12、0.10、0.08，且体积配箍率分别不宜小于 0.6%、0.5%、0.4%。柱剪跨比不大于 2 的框架节点核心区，体积配箍率不宜小于核心区上、下柱端的较大体积配箍率。

4.4.2　抗震墙结构的抗震构造措施

1. 截面尺寸

抗震墙的厚度，一、二级不应小于 160 mm 且不宜小于层高或无支长度的 1/20，三、四级不应小于 140 mm 且不宜小于层高或无支长度的 1/25；无端柱或翼墙时，一、二级不宜小于层高或无支长度的 1/16，三、四级不宜小于层高或无支长度的 1/20。

底部加强部位的墙厚，一、二级不应小于 200 mm 且不宜小于层高或无支长度的 1/16；三、四级不应小于 160 mm 且不宜小于层高或无支长度的 1/20 无端柱或翼墙时，一、二级不宜小于层高或无支长度的 1/12，三、四级不宜小于层高或无支长度的 1/16。

2. 分布钢筋

(1)抗震墙厚度大于 140 mm 时，竖向和横向分布钢筋应双排布置，双排分布钢筋间拉筋的间距不宜大于 600 mm，直径不应小于 6 mm。

(2)一、二、三级抗震墙的竖向和横向分布钢筋最小配筋率均不应小于 0.25%，四级抗震墙不应小于 0.20%；钢筋最大间距不宜大于 300 mm。

(3)部分框支抗震墙底部加强部位，纵向及横向分布钢筋配筋率均不应小于 0.30%，钢筋间距不宜大于 200 mm。

(4)抗震墙竖向、横向分布钢筋的钢筋直径均不宜大于墙厚的 1/10 且不应小于 8 mm；竖向钢筋直径不宜小于 10 mm.

3. 边缘构件

抗震墙两端和洞口两侧应设置边缘构件，边缘构件包括暗柱、端柱和翼墙，并应符合下列要求。

（1）对于抗震墙结构，底层墙肢截面的轴压比不大于表 4-9 规定的一、二、三级抗震墙及四级抗震墙，墙肢两端可设置构造边缘构件，构造边缘构件的范围可按图 4-32 采用，构造边缘构件的配筋除应满足受弯承载力要求外，并宜符合表 4-10 的要求。

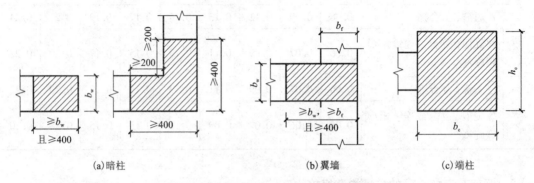

(a)暗柱　　　　　　　　　　(b)翼墙　　　　　　　　(c)端柱

图 4-32　抗震墙的构造边缘构件范围

表 4-9　抗震墙设置构造边缘构件的最大轴压比

抗震等级或烈度	一级(9 度)	一级(7、8 度)	二、三级
轴压比	0.1	0.2	0.3

表 4-10　抗震墙构造边缘构件的配筋要求

抗震等级	底部加强部位			其他部位		
	纵向钢筋最小量（取较大值）	最小直径/mm	沿竖向最大间距/mm	纵向钢筋最小量（取较大值）	最小直径/mm	沿竖向最大间距/mm
一级	$0.010A_C$，$6\phi16$	8	100	$0.008A_C$，$6\phi14$	8	150
二级	$0.008A_C$，$6\phi14$	8	150	$0.006A_C$，$6\phi12$	8	200
三级	$0.006A_C$，$6\phi12$	6	150	$0.005A_C$，$4\phi12$	6	200
四级	$0.005A_C$，$4\phi12$	6	200	$0.004A_C$，$4\phi12$	6	250

注：1. A_C 为边缘构件的截面面积。2. 其他部位的拉筋，水平间距不应大于纵向钢筋间距的 2 倍；转角处宜设置箍筋。3. 当端柱承受集中荷载时，其纵向钢筋、箍筋直径和间距应满足柱的相应要求。

（2）底层墙肢底截面的轴压比大于表 4-9 规定的一、二、三级抗震墙，以及部分框支抗震墙结构的抗震墙，应在底部加强部位及相应的上一层设置约束边缘构件，在以上的其他部位可设置构造边缘构件。约束边缘构件沿墙肢的长度、配箍特征值、箍筋和纵向钢筋宜符合表 4-11 的要求。

表 4 – 11　抗震墙约束边缘构件的范围及配筋要求

项目	一级(9 度)		一级(7、8 度)		二、三级	
	$\lambda \leq 0.2$	$\lambda > 0.2$	$\lambda \leq 0.3$	$\lambda > 0.3$	$\lambda \leq 0.4$	$\lambda > 0.4$
l_c（暗柱）	$0.20h_w$	$0.25h_w$	$0.15h_w$	$0.20h_w$	$0.15h_w$	$0.20h_w$
l_c（翼墙或端柱）	$0.15h_w$	$0.20h_w$	$0.10h_w$	$0.15h_w$	$0.10h_w$	$0.15h_w$
λ_v	0.12	0.20	0.12	0.20	0.12	0.20
纵向钢筋（取较大值）	$0.012A_c$，8φ16		$0.012A_c$，8φ16		$0.010A_c$，6φ16（三级 6φ14）	
箍筋或拉筋沿竖向间距/mm	100		100		150	

注：1. 抗震墙的翼墙长度小于其 3 倍厚度或端柱截面边长小于 2 倍墙厚时，按无翼墙、无端柱查表；端柱有集中荷载时，配筋构造尚应满足与墙相同抗震等级框架柱的要求。2. l_c 为约束边缘构件沿墙肢长度，且不小于墙厚和 400 mm；有翼墙或端柱时不应小于翼墙厚度或端柱沿墙肢方向截面高度加 300 mm。3. λ_v 为约束边缘构件的配箍特征值。4. h_w 为抗震墙墙肢长度。5. λ 为墙肢轴压比。6. A_c 为约束边缘构件阴影部分的截面面积。

4. 其他设置要求

抗震墙的墙肢长度不大于墙厚的 3 倍时，应按柱的有关要求进行设计；矩形墙肢的厚度不大于 300 mm 时，宜全高加密箍筋。

跨高比较小的高连梁，可设水平缝形成双连梁、多连梁或采取其他加强受剪承载力的构造。顶层连梁的纵向钢筋伸入墙体的锚固长度范围内，应设置箍筋。

4.4.3　框架—抗震墙结构的抗震构造措施

框架—抗震墙结构的抗震构造措施除采用框架结构和抗震墙结构的有关构造措施外，还应满足下列要求：

（1）框架—抗震墙墙板厚度不应小于 160 mm 且不宜小于层高或无支长度的 1/20，底部加强部位的抗震墙厚度，不应小于 200 mm 且不宜小于层高或无支长度的 1/16。

（2）有端柱时，墙体在楼盖处宜设置暗梁，暗梁的截面高度不宜小于墙厚和 400 mm 的较大值；端柱截面宜与同层框架柱相同，并应满足规范对框架柱的要求；抗震墙底部加强部位的端柱和紧靠抗震墙洞口的端柱宜按柱箍筋加密区的要求沿全高加密箍筋。

（3）抗震墙的竖向和横向分布钢筋，配筋率均不应小于 0.25%，钢筋直径不宜小于 10 mm，间距不宜大于 300 mm，并应双排布置，双排分布钢筋间应设置拉筋。

（4）楼面梁与抗震墙平面外连接时，不宜支承在洞口连梁上；沿梁轴线方向宜设置与梁连接的抗震墙，梁的纵向钢筋应锚固在墙内；也可在支承梁的位置设置扶壁柱或暗柱，并应按计算确定其截面尺寸和配筋。

（5）框架—抗震墙结构的其他抗震构造措施，应符合《规范》对框架结构、抗震墙结构的抗震构造要求。

复习思考题

1. 多、高层钢筋混凝土房屋主要有哪几种结构体系？各有什么特点？
2. 多、高层混凝土结构房屋的震害主要有哪些？
3. 为何要限制房屋的高宽比、最大高度？
4. 多、高层混凝土房屋的抗震等级是如何划分的？
5. 框架结构的自振周期如何确定？
6. 底部剪力法计算地震作用的适用条件是什么？
7. 何为抗震概念设计？
8. 框架结构中梁、柱的截面尺寸的确定需要考虑哪些因素？
9. 框架结构、框架—抗震墙结构、抗震墙结构在抗震设计中有哪些主要的构造措施？
10. 框架结构的抗震设计的基本原则是什么？抗震设计中如何体现？

第5章　砌体结构抗震设计

【学习目标】

1. 理解砌体结构常见的震害特点；
2. 掌握砌体结构的一般规定；
3. 理解多层砌体房屋的抗震设计；
4. 熟练掌握砌体结构的抗震构造措施。

【读一读】

多层砌体房屋是一种常见的砌体结构，图5-1(a)、(b)为多层砌体房屋结构中的震害，在抗震设防方面我们该采取哪些措施呢？

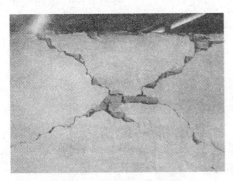
(a)地震后砌体房屋地面开裂

(b)地震后砌体房屋屋面开裂

图5-1　多层砌体房屋的震害现象

5.1　震害现象及其分析

在地震作用下，尤其是水平地震作用时，砌体结构，如多层砌体房屋、底部框剪砌体房屋及多层内框架砌体房屋随着地震烈度、结构布置、抗震构造措施以及场地条件的不同而产生不同的震害现象。对于多层砌体结构主要有如下的震害特点、现象和规律。

5.1.1　砌体结构震害特点

根据宏观震害统计显示，在不同地震烈度的地震区，砌体结构房屋的震害现象差距明显。统计分析表明，未经抗震设防的多层砖房，在不同的地震烈度地区，其破坏现象如下：

地震烈度 6 度区内，主体结构一般处于基本完好状态；

地震烈度 7 度区内，主体结构将出现轻微破坏，小部分达到中等破坏；

地震烈度 8 度区内，多数房屋达到中等破坏的程度；

地震烈度 9 度区内，多数结构出现严重破坏；

地震烈度 10 度及以上地震区内，大多数房屋倒毁。

上述经验可以说明，未经抗震设防的多层砌体房屋的抗地震破坏能力较低，其破坏现象显著。

5.1.2 砌体结构震害现象

震害的发生是由外部条件(地震动)和内在因素(结构特征)两方面原因促成的。根据国内外大量的震害调查结果，多层砌体房屋的主要震害可归纳为墙体整体倒塌、房屋局部倒塌、墙体开裂三种破坏现象。

1. 墙体整体倒塌

房屋整体性好而底层强度不足，或房屋整体性不好且上层墙体过于薄弱时，均可能出现房屋整体倒塌的现象，主要包括以下几种情况：

底层先倒，上层随之倒塌：多发生在地震作用大，房屋整体性较好，而底层墙体整体抗剪承载力不足且连接构造不可靠的情况下。首先底层倒塌，随之上部楼层整体坠落。当地基松散、承载力过低时，亦可造成底层先被摧毁，随之上部结构倒塌。

中、上层先倒塌，砸塌底层：多发生在房屋整体性较差且连接构造不可靠的情况下，上层墙体承载力过于薄弱。

上、下层同时倒塌：当地震作用很强，而墙体整体抗剪承载力很低且连接构造差时，多发生上、下层同时整体散碎坍塌。

楼(屋)面整体塌落：多发生在预制楼面板且圈梁和构造柱设置欠缺、房屋整体性差的情况下。

2. 房屋局部倒塌

房屋的局部倒塌发生在房屋的个别部位的整体性特别差、纵墙与横墙间联系不好、平面或立面有显著的局部突出、抗震缝处理不当等情况下。主要有如下几种情况：

墙角倒塌：因为墙角位于房屋尽端，房屋整体作用对它的约束较弱，同时地震作用引起的扭转在墙角处的影响较大，故房屋墙角构造与连接不可靠时易出现倒塌。

纵墙倒塌：地震对房屋的作用可能来自任意方向，在双向地震作用下，纵横墙交接处受力复杂，应力集中严重。若因设计不当或施工缺陷造成纵横墙连接不可靠，则易出现整片纵墙外闪倒塌，如图 5-2 所示。

楼梯间墙体倒塌：楼梯间墙体受楼板的约束作用减弱，空间刚度差，尤其是在顶层，墙体高度大，稳定性差，当地震烈度较高且构造与连接不可靠时，楼梯间墙体易出现倒塌。

变形缝两侧墙体倒塌：在地震中，由于变形缝宽度不足，缝两侧的墙体发生相互碰撞，从而导致房屋严重破坏或局部倒塌。

非结构构件的倒塌：突出房屋的小烟囱、女儿墙、门脸、附墙烟囱等附属物，由于与建筑物连接薄弱，加之鞭梢效应会加大其动力反应，地震时易出现倒塌。另外，隔墙、室内装饰等因与建筑物连接薄弱，地震时也易出现倒塌。

图 5-2　唐山大地震中某三层房屋外纵墙全部被甩落

另外，建筑结构悬臂较宽，连接构造不可靠或应力集中明显的位置均可造成房屋的局部倒塌，如外走廊坠落、平面凹凸处房屋倒塌等。施工质量差、连接构造不可靠均可导致房屋整体或房屋局部倒塌。

3. 墙体开裂

当砌体结构房屋抗剪承载力不足时易产生裂缝，裂缝的形式主要有 X 形、水平、竖向以及窗间墙沉降斜裂缝四种类型。

（1）X 形裂缝：墙体在竖向压力和反复水平剪力作用下产生的裂缝。主要由于水平地震剪力在墙体中引起的主拉应力超过墙体的抗拉强度所致。常出现 X 形裂缝的位置有：与主震方向平行的墙体、房屋两端的山墙、窗间墙等处，如图 5-3 所示。

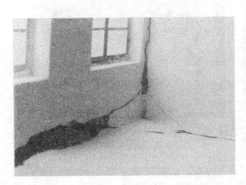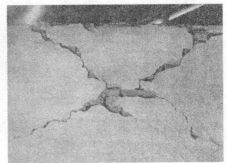

图 5-3　墙体转角的破坏

（2）水平裂缝：大多发生于外纵墙窗口的上下皮处。当房屋纵向承重横墙间距大而屋盖刚度弱时，纵墙处平面受弯易产生水平裂缝。图 5-4 为 1999 年 9 月 21 日台中大地震某中学教室墙壁上出现的水平裂缝。

（3）竖向裂缝：大多发生于纵横墙交接处或变化较大的两体系的交接处。此处受力复杂，应力集中严重，是墙体抗震的薄弱环节。房屋中产生的竖向裂缝如图 5-5 所示。

（4）窗间墙沉降斜裂缝：当砂土地基"液化"，引起喷水冒浆时，地基会出现不均匀沉降，从而导致窗间墙两侧出现约 45° 斜裂缝。

图 5 - 4 1999 年 9 月 21 日台中大地震某中学教室墙壁上出现水平裂缝

图 5 - 5 房屋中的竖向裂缝

5.1.3 震害规律

由于砌体结构是一种脆性材料,其抗拉、抗剪、抗弯强度均较低,因而未经过合理抗震设计的砌体结构房屋的抗震能力和抗震性能均较差。其震害规律特点也较显著,包括如下几个方面:

(1)刚性楼盖房屋,上层破坏轻、下层破坏重;

(2)柔性楼盖房屋,上层破坏重、下层破坏轻;

(3)横墙承重房屋的震害轻于纵墙承重房屋;

(4)坚实地基上的房屋震害轻于软弱地基和非均匀地基上的房屋震害;

(5)预制楼板结构比现浇楼板结构破坏重;

（6）外廊式房屋往往地震破坏较重；

（7）房屋两端、转角、楼梯间、附属结构震害较重。

5.2　砌体结构抗震设计的一般规定

震害调查和分析表明，多层砌体房屋产生的震害主要来源于两个方面：一是结构体系、结构布置和连接构造的缺陷；二是墙体的承载力不足。因此，对多层砌体房屋进行抗震设防，要重视抗震设计的一般规定。

5.2.1　多层砌体结构选型与布置

房屋的体型不规则或不对称易造成结构刚度和质量分布不均匀。地震时，结构各部分的震动频率相差较大，使结构或构件各连接处产生明显的应力现象，导致结构震害较严重。同时，地震作用还会对不规则或不对称的结构产生扭转效应，加剧房屋的震害。因此《规范》要求：建筑及其抗侧力结构的平面宜规则、对称，并具有良好的整体性；建筑的立面及竖向剖面宜规则，结构的侧向刚度宜均匀对称，竖向抗侧力构件的截面尺寸和材料的强度宜自下而上逐渐减小，避免抗侧力结构的刚度和承载力突变。对多层砌体房屋结构布置的基本要求如下。

（1）建筑平立面应规则，抗侧力墙应均匀布置。

建筑平面的不规则体型如图 5-6 所示。

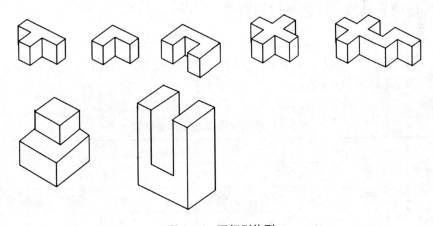

图 5-6　不规则体型

（2）应优先采用横墙承重或纵横墙共同承重的结构体系。

横墙承重体系或纵横墙承重体系的整体刚度大，整体性好，对抗水平地震作用有利。而纵墙承重体系刚度较小，在地震作用下极易发生破坏或倒塌。在地震经验中，往往纵墙的破坏较多且较为严重，纵横墙承重体系次之，横墙承重体系的抗震性能最好。

（3）纵横墙宜均匀对称，上下左右对齐，易于传力。

纵横墙宜均匀布置，且沿平面要对齐，沿竖向要上下连续；同一方向的窗间墙宽度宜均匀。

（4）为避免由结构的质量中心和刚度中心不重合而产生较大的扭转效应，可在房屋适当部位加设防震缝。《规范》中规定，抗震设防烈度为8度和9度且具有下列情况之一时宜设置防震缝，缝两侧应设置墙体，缝宽应根据房屋高度和抗震设防烈度确定，可采用50～100 mm。

①房屋立面高差在6 m以上；

②房屋有错层，且楼板高差较大；

③结构各部分质量、刚度截然不同。

（5）楼梯间不宜设置在房屋的尽端和转角处。

楼梯为砌体结构房屋的薄弱部位，设在房屋的尽端和转角处会加大房屋整体的受力不均匀性和应力集中现象，在地震作用下极易发生局部破坏，从而影响建筑结构的整体性。图5-7为楼梯间的整体性破坏。

图5-7 楼梯间的破坏引起房屋的其他破坏

（6）烟道、风道、垃圾道等不应削弱墙体，当墙体被削弱时，应对墙体采取加强措施，不宜采用无竖向配筋的附墙烟囱及出墙面的烟囱。

（7）不宜采用无锚固的钢筋混凝土预制挑檐。

5.2.2 房屋的总高度、层数及层高限值

震害经验表明，多层砌体房屋的抗震能力与房屋的总高度、层数和层高有较大的关系。高度越高、层数越多和层高越大则地震作用下的破坏程度越大。因此，多层砌体房屋的总高度和层数不应超过表5-1的规定。

表5-1 房屋的总高度和层数限值

房屋类别		最小墙厚度/mm	地震烈度							
			6度		7度		8度		9度	
			高度/m	层数	高度/m	层数	高度/m	层数	高度/m	层数
多层砌体	普通砖	240	24	8	21	7	18	6	12	4
	多孔砖	240	21	7	21	7	18	6	12	4
	多孔砖	190	21	7	18	6	15	5	—	—
	小砌块	190	21	7	21	7	18	6	—	—

注：本表小砌块砌体房屋不包括配筋混凝土小型空心砌块砌体房屋。

砖房和砌块房屋的层高，不宜超过3.6 m。

对医院、教学楼等及横墙较少的多层砌体房屋，总高度应比表5-1的规定降低3 m，层数相应减少一层；各层横墙很少的多层砌体房屋，还应根据具体情况再适当降低总高度和减少层数。

5.2.3 房屋高宽比限值

房屋高宽比是指房屋总高度与总宽度的最大比值。多层砌体房屋的墙体震害主要为沿对角线斜裂缝的剪切破坏，而较少出现弯曲破坏，因此《规范》对多层砌体房屋不要求做整体弯曲的承载力验算，而应满足房屋高宽比限值的要求。为了使多层砌体房屋有足够的稳定性和整体抗弯能力，房屋的高宽比应满足表5-2。

表5-2 房屋高宽比限值表

地震烈度	6度	7度	8度	9度
最大高宽比	2.5	2.5	2.0	1.5

注：1. 单面走廊房屋的总宽度不包括走廊宽度。2. 建筑平面接近正方形时，其高宽比宜适当减小。

5.2.4 抗震横墙的间距

地震力传递时，荷载由楼盖→横墙→基础。

横向地震作用主要由横墙承受，当横墙间距较大时，楼盖水平刚度变小，不能将横向水平地震作用有效传递到横墙，致使纵墙发生较大的平面弯曲变形，造成纵墙倒塌。因此，对横墙来说，除应满足承载力的要求外，还需满足最大间距限值的要求，如表5-3所示。

表5-3 房屋抗震横墙最大间距/m

房屋类别	烈 度			
	6度	7度	8度	9度
现浇或装配整体式钢筋混凝土楼(屋)盖	18	18	15	11
装配式钢筋混凝土楼(屋)盖	15	15	11	7
木楼(屋)盖	11	11	7	4

注：1. 多层砌体房屋的顶层，最大横墙间距应允许适当放宽。2. 表中木楼(屋)盖的规定，不适用于小型砌块砌体房屋。

5.2.5 房屋长高比限值

对于较松软地基以及非均匀多层土地基的房屋，为了确保整体结构的竖向刚度，避免地震中由于地基出现显著不均匀沉降而引起的墙体开裂，房屋的长高比应控制在3~4以内。以软弱黏性土作为天然地基的房屋，其长高比不宜大于2.5。

5.2.6 房屋的局部尺寸限值

在强烈地震作用下，房屋首先在薄弱部位破坏，这些薄弱部位一般是窗间墙、尽端墙段、突出屋顶的女儿墙等。为使墙体受力均匀协调，避免各部分构件因局部破坏而导致整个构件乃至结构丧失抗震性能，同时避免附属构件脱落伤人。根据《规范》要求，墙体的局部尺寸宜满足表5-4的要求。

表 5 - 4　房屋的局部尺寸限值/m

地震烈度	6 度	7 度	8 度	9 度
承重窗间墙最小宽度	1.0	1.0	1.2	1.2
承重外墙尽端至门窗洞边的最小距离	1.0	1.0	1.5	1.5
非承重外墙尽端至门窗洞边的最小距离	1.0	1.0	1.0	1.0
内墙阳角至门窗洞边的最小距离	1.0	1.0	1.5	2.0
无锚固女儿墙(非出入口处)的最大高度	0.5	0.5	0.5	0.0

注：1. 局部尺寸不足时应采取局部加强措施。2. 出入口的女儿墙应有锚固。

5.2.7　材料强度要求

为确保砌体结构的基本抗震性能，砌体材料的强度应满足以下要求：

（1）烧结普通黏土砖与烧结多孔黏土砖的强度等级不应低于 MU10，其砌筑砂浆强度等级不应低于 M5。

（2）混凝土小型空心砌块的强度等级不应低于 MU7.5，其砌筑砂浆强度等级不应低于 M7.5。

（3）料石强度等级不应低于 MU30，其砌筑砂浆强度等级不应低于 M5。

（4）构造柱、芯柱、圈梁和其他各类混凝土构件强度等级不应低于 C20。

（5）钢筋混凝土构件中纵向受力钢筋宜采用 HRB400 和 HRB335 级热轧钢筋，箍筋宜采用 HRB335、HRB400 和 HPB235 级热轧钢筋。

5.3　砌体结构的抗震设计

多层砌体房屋一般不大于 7 层，跨度较小，刚度较大，且质量和刚度沿平面和竖向分布均匀，故竖向地震作用、地基与结构的作用对结构的影响较小。因此，一般只需验算房屋在纵、横向水平地震力作用下，纵、横墙在其自身平面内的抗剪承载力。

5.3.1　计算简图

由于多层砌体房屋的高度较小，质量与刚度分布均匀，在地震作用下，多层砌体房屋的变形以层间剪切变形为主，故将水平地震作用在建筑物两个主轴方向分别进行抗震验算。砌体房屋各层楼盖水平刚度无限大，仅做平移运动，因此各抗侧力构件在同一楼层标高处侧移相同。

计算多层砌体房屋地震作用时，应以防震缝所划分的结构单元作为计算单元，将房屋各层的重力荷载集中到楼(屋)盖标高处，多层砌体房屋可视为嵌固于基础顶面的竖向悬臂柱，各质点的计算高度取楼(屋)盖至结构底部的距离，如图 5 - 8 所示。

在计算单元中，各楼层的重量集中到楼(屋)盖标高处。各楼层重力荷载应包括：楼(屋)盖自重，活荷载组合值，上、下各半层的墙体、构造柱重量之和。

计算简图中底部固定端的确定：

（1）当基础埋置较浅时，取基础顶面；

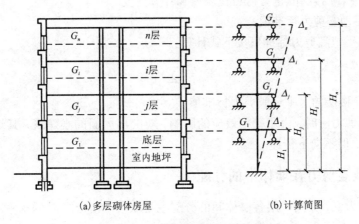

(a)多层砌体房屋　　　(b)计算简图

图 5 – 8　多层砌体房屋计算简图

（2）当基础埋置较深时，可取室外地坪下 0.5 m 处；

（3）当设有整体刚度很大的全地下室时，则取地下室顶板顶部；

（4）当地下室整体刚度较小或为半地下室时，则应取地下室室内地坪处。

5.3.2　地震作用和楼层地震剪力的计算

采用底部剪力法计算地震作用。

1. 结构总水平地震作用

多层砌体房屋的总水平地震作用标准值 F_{EK} 按下式计算：

$$F_{EK} = \alpha_{max} G_{eq} \tag{5-1}$$

式中：F_{EK}——结构总水平地震作用标准值。

　　　　α_{max}——水平地震影响系数最大值，按表 5-5 采用。

表 5 – 5　水平地震影响系数最大值

地震烈度	6 度	7 度	8 度	9 度
多遇地震	0.04	0.08(0.12)	0.16(0.24)	0.32

注：括号内数值分别用于设计基本地震加速度为 0.15g 和 0.3g 的地区。

　　　　G_{eq}——结构等效总重力荷载，按下式计算。

$$G_{eq} = 0.85 \sum_{i=1}^{n} G_i \tag{5-2}$$

2. 各楼层的水平地震作用

各楼层的水平地震作用标准值按下式计算：

$$F_i = \frac{G_i H_i}{\sum_{j=1}^{n} G_j H_j} F_{EK} \tag{5-3}$$

式中：F_i——第 i 楼层的水平地震作用标准值；

G_i，H_i——第 i 楼层的重力荷载代表值和计算高度。

3. 楼层水平地震剪力标准值

各楼层的水平地震剪力标准值按下式计算：

$$V_i = \sum_{j=i}^{n} F_j \qquad\qquad (5-4)$$

式中：V_i——第 i 楼层的水平地震剪力标准值。

当采用底部剪力法时，由于鞭梢效应的影响，对突出屋面的小建筑，其地震作用效应仍乘以增大系数 3，但不向下传递。

5.3.3 楼层地震剪力在墙体中的分配

楼层地震剪力 V_i，在同一层各墙体间的分配主要取决于楼(屋)盖的水平刚度及各墙体的侧移刚度。

1. 楼层水平地震剪力在墙体中的分配

楼层水平地震剪力的分配方法主要与楼(屋)盖的水平刚度有关。楼(屋)盖水平刚度大，地震时楼(屋)盖在墙体间作水平刚体运动，楼(屋)盖与墙体位移相等，各墙体所承担的水平地震剪力与其侧向刚度成比例；楼(屋)盖水平刚度小，地震时楼(屋)盖在随墙体平动的同时自身也产生水平弯曲，楼(屋)盖与墙体的变形不一致，此时墙体所承担的水平地震剪力与该墙体负荷面积成比例。故楼层水平地震剪力在各墙体间的分配可根据楼(屋)盖的刚度大小分为刚性楼盖、柔性楼盖和半刚性楼盖三种情形。

(1)楼层水平地震剪力的分配原则。

由于墙体在其平面内侧向刚度很大，在其平面外侧向刚度很小，所以某一方向的楼层水平地震剪力主要由平行于地震作用方向的墙体来承担，而与地震作用相垂直的墙体承担的楼层水平剪力很小。因此楼层的水平地震剪力分配原则是：横向地震作用全部由横墙承担，而不考虑纵墙的作用；纵向地震作用全部由纵墙承担，而不考虑横墙的作用。

(2)横向楼层地震剪力的分配。

楼层地震剪力在各抗侧力墙体间的分配，不仅取决于每片墙体的层间抗侧移刚度，而且取决于楼(屋)盖的整体水平刚度。楼(屋)盖的水平刚度取决于楼(屋)盖的结构类型及其宽长比。

①刚性楼盖房屋。

刚性楼盖房屋：现浇及装配整体式钢筋混凝土楼(屋)盖等。

由于在水平地震力作用下，楼盖在自身平面内产生的变形很小，若楼(屋)盖仅发生整体相对平移运动，则在平面内把楼(屋)盖视为绝对刚性的连续梁，各横墙看作是该梁的弹性支座，各支座反力即为各抗震墙所承受的地震剪力。当结构和荷载都对称时，各横墙的水平位移相等。如图 5-9 所示。

综上分析，第 i 层第 m 片墙上的剪力按墙体的抗侧刚度分配。

$$V_{im} = K_{im}u = \frac{K_{im}}{K_i}V_i \qquad\qquad (5-5)$$

式中：V_{im}——第 i 层第 m 道横墙所承担的水平地震剪力；

$\quad\quad\; K_{im}$——第 i 层第 m 道横墙的侧向刚度；

$\quad\quad\; K_i$——第 i 层横墙侧向刚度之和。

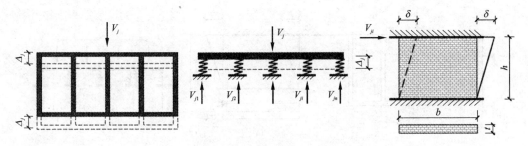

图 5 - 9　刚性楼盖计算简图

在计算侧移刚度时,各层横墙均无洞口,若各墙体高度相等、材料相同,横墙的高宽比小于 1,可仅考虑剪切变形的影响,即按各道墙体的横截面面积比例分配:

$$V_{im} = \frac{A_{im}}{\sum_{j=1}^{n} A_{ij}} V_i \tag{5-6}$$

式中:A_{im}、A_{ij}——第 i 层第 m、j 道横墙的横截面积。

②柔性楼盖房屋。

柔性楼盖:以木结构等柔性材料为楼(屋)盖。

在横向水平地震作用下,楼盖在自身平面内除了发生平移外,还发生较大的弯曲变形,从而各道横墙产生的层间水平位移差异较大,变形曲线不连续,如图 5 - 10 所示。可认为楼(屋)盖如同一多跨简支梁,横墙为各跨简支梁的弹性支座。

第 m 道横墙所分配的地震剪力,按第 m 道横墙从属面积上重力荷载代表值的比例分配。即:

$$V_{im} = \frac{G_{im}}{G_i} V_i \tag{5-7}$$

式中:G_{im}——第 i 层第 m 道横墙所承担的重力荷载代表值;

　　　G_i——第 i 层楼(屋)盖总重力荷载代表值。

从属面积为第 i 层楼(屋)盖上的第 m 道墙与左右两侧相邻横墙之间各一半楼盖面积。当楼层单位面积上的重力荷载代表值相等时,可进一步简化为按各墙片所承担的地震作用的面积比进行分配:

$$V_{im} = \frac{F_{im}}{F_i} V_i \tag{5-8}$$

式中:F_{im}——第 i 层第 m 道横墙的从属荷载面积,等于该墙两侧相邻墙之间各一半楼(屋)盖
　　　　　　面积之和;

　　　F_i——第 i 层楼(屋)盖总面积。

③半刚性楼盖。

半刚性楼盖:介于刚性楼盖和柔性楼盖之间的楼(屋)盖,如装配式钢筋混凝土楼(屋)盖。

在横向水平地震力作用下,楼盖的变形状态介于刚性楼盖和柔性楼盖之间,即楼(屋)盖在自身平面内除发生平动外,还发生一定的弯曲变形,从而各道横墙产生的层间水平位移具有一定的差异,故各横墙所分配的地震剪力按刚性楼盖和柔性楼盖结果的平均值确定,即

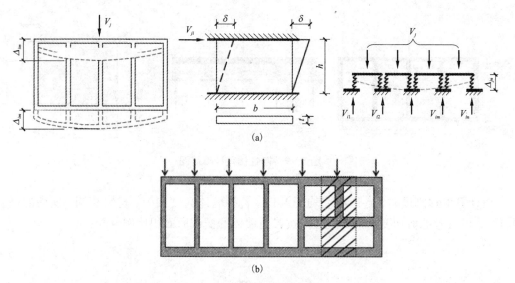

图 5 – 10　柔性楼盖计算简图

$$V_{im} = \frac{1}{2}(\frac{K_{im}}{K_i} + \frac{G_{im}}{G_i})V_i \qquad (5-9)$$

对于一般房屋，当墙高 h_{im} 相同，所用材料相同，且楼(屋)盖上重力荷载均匀分布时，亦可按下式计算：

$$V_{im} = \frac{1}{2}(\frac{A_{im}}{A_i} + \frac{F_{im}}{F_i})V_i \qquad (5-10)$$

式中：A_i——第 i 层楼全部横墙的横截面面积。

（3）纵向楼层地震剪力的分配。

一般房屋的纵向比横向长，且纵墙间距小，水平刚度大，楼盖变形小。因此，在对纵向楼层地震剪力进行分配时，均可将各种楼盖按刚性楼盖考虑，即纵向地震剪力按纵墙的刚度比例进行分配。

（4）同一道墙上各墙段间地震剪力的分配。

为了对砌体墙体进行抗震承载力验算，对于有门窗洞口的墙，在求得楼层各道横墙和纵墙所承担的地震剪力后，在同一道墙上，门窗洞口之间墙段所承担的地震剪力可按墙段的侧移刚度进行分配。

2. 墙体侧移刚度的计算

（1）无洞墙体（或墙段）。

确定墙体（或墙段）层间侧向刚度时，可视墙体（或墙段）为下端固定、上端嵌固的构件，其侧向变形包括层间弯曲变形和剪切变形，则墙体（或墙段）的弯曲变形和剪切变形为：

$$\delta_b = \frac{h^3}{12EI} = \frac{1}{Et} \cdot \frac{h}{b} \cdot (\frac{h}{b})^2 \qquad (5-11)$$

$$\delta_s = \frac{\xi h}{AG} = 3\frac{1}{Et}\frac{h}{b} \qquad (5-12)$$

式中：h——墙段（或无洞墙体）的高度，对窗间墙取窗洞高，门间墙取门洞高，门窗之间墙取窗洞高，尽端墙取靠尽端的门洞或窗洞高；

A——墙段(或无洞墙体)的横截面积，$A=bt$；

b、t——墙段(或无洞墙体)的宽度、厚度；

I——墙段(或无洞墙体)的横截面惯性矩，$I=\frac{1}{12}tb^3$；

ξ——截面剪应力分布不均匀系数，对矩形截面取 1.2；

E——砌体弹性模量；

G——砌体剪切模量，一般取 $G=0.4E$。

在单位水平力作用下，墙体(或墙段)总变形为：

$$\delta=\delta_b+\delta_s=\frac{1}{Et}\frac{h}{b}\left(\frac{h}{b}\right)^2+3\frac{1}{Et}\frac{h}{b} \tag{5-13}$$

由材料力学得：

当 $h/b<1$ 时，墙体(或墙段)的弯曲变形可忽略不计，即：

$$K_s=\frac{1}{\delta_s}=\frac{Etb}{3h} \tag{5-14}$$

当 $1\leqslant h/b\leqslant 4$ 时，墙体(或墙段)的弯曲变形不可忽略，即：

$$K_{bs}=\frac{1}{\delta}=\frac{Et}{(h/b)[3+(h/b)^2]} \tag{5-15}$$

当 $h/b>4$ 时，墙体(或墙段)的剪切变形可忽略不计，即：

$$K=\frac{1}{\delta_b}\approx 0$$

(2)有洞墙体。

①大洞口墙体。

确定有洞口墙体的等效层间侧向刚度时，可取整片墙体作为计算单元，除考虑门窗间墙段的变形影响外，还应考虑洞口上下水平墙带变形的影响。计算时，可将墙体划分为若干个墙段，先分别计算各墙段的侧向刚度，然后按下列原则计算求出开洞墙体的等效侧向刚度。

开洞墙体等效侧向刚度计算原则：

水平向的墙段(并联体)可采用刚度叠加，即墙体的总刚度等于各墙段等效侧向刚度之和；竖向的墙段(串联体)可采用柔度叠加，即墙体的总柔度等于各墙段柔度之和。

A. 当墙体仅开有窗洞，且各窗洞顶部和底部标高相同时，如图 5-11 所示，墙体的等效侧向柔度和刚度分别为：

$$\delta=\delta_1+\delta_2+\delta_3 \tag{5-16a}$$

$$K=\frac{1}{\delta}=\frac{1}{\frac{1}{K_1}+\frac{1}{\sum K_2}+\frac{1}{K_3}} \tag{5-16b}$$

B. 当墙体开有门窗洞口，且门窗洞顶部标高相同、窗洞底部标高相同时，如图 5-12，墙段 2、墙段 3 的侧向柔度为 δ_2、δ_3，相应的等效侧向刚度为 $\sum\frac{1}{\delta_2+\delta_3}$；墙段 4 的侧向柔度为 δ_4，相应的等效侧向刚度为 $\frac{1}{\delta_4}$；墙段 1 的侧向柔度为 δ_1，相应的等效侧向刚度为 $\frac{1}{\delta_1}$。根据各墙段的并、串联关系，可得开洞墙体的等效侧向刚度：

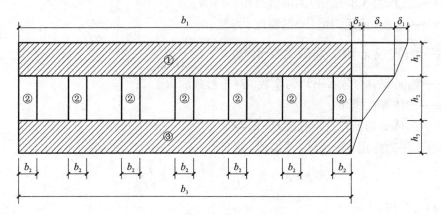

图 5 – 11　仅开有窗洞时的墙段划分

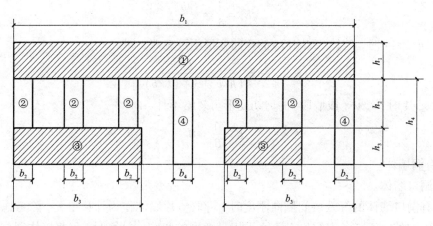

图 5 – 12　开有门窗洞口时的墙段划分

$$K = \cfrac{1}{\cfrac{1}{K_1} + \cfrac{1}{K_4 + (\cfrac{1}{\cfrac{1}{K_2} + \cfrac{1}{K_3}})}} \qquad (5-17)$$

式中：K_1、K_2、K_3、K_4——分别为墙段 1、2、3、4 的等效侧向刚度。

②小洞口墙体。

为了计算的简化，对于开洞率不大于 30% 的小开口墙段，按毛面积墙面计算的刚度乘以洞口影响系数，系数如表 5 – 6 所示。

表 5 – 6　墙段洞口影响系数

开洞率	0.10	0.20	0.30
影响系数	0.98	0.94	0.88

注：开洞率为洞口面积与墙段毛截面面积之比；窗洞高度大于层高 50% 时，按门洞对待。

114

5.3.4　多层砌体房屋墙体抗震受剪承载力验算

1. 不利墙体(或墙段)的选择

对于多层砌体房屋,一般不必对各楼层全部墙体(或墙段)进行抗震承载力验算,而可根据震害和工程经验,仅选择若干楼层的抗震不利墙体(或墙段)进行。只要确保这些墙体(或墙段)的抗震受剪承载力满足要求,则其他墙体(或墙段)的抗震受剪承载力亦能满足要求。

《规范》规定,进行多层砌体房屋抗震受剪承载力验算时,可只选择竖向荷载从属面积较大、竖向压力较小或承担地震剪力较大的墙体或墙段进行。

2. 砌体的抗震抗剪强度设计值

砌体沿阶梯形截面破坏的抗震抗剪强度设计值,按下式确定:

$$f_{vE} = \zeta_N f_v \tag{5-18}$$

式中:f_{vE}——砌体沿阶梯形截面破坏的抗震抗剪强度设计值;

f_v——非抗震设计的砌体抗震抗剪强度设计值;

ζ_N——砌体强度正应力影响系数,按表5-7确定。

表5-7　砌体强度正应力影响系数

砌体类别	σ_0/f_v							
	0.0	1.0	3.0	5.0	7.0	10.0	15.0	20.0
普通砖	0.80	1.00	1.28	1.50	1.70	1.95	2.32	
多孔砖		1.25	1.75	2.25	2.60	3.10	3.95	4.80

注:σ_0为对应于重力荷载代表值的砌体截面平均压应力。

3. 普通砖、多孔砖墙体的截面抗震受剪承载力验算

(1)一般情况下,普通砖、多孔砖墙体的截面抗震受剪承载力,按下式确定:

$$V \leqslant f_{vE} A / \gamma_{RE} \tag{5-19}$$

式中:V——墙体剪力设计值,$V = \gamma_{Eh} V_{im}$,其中γ_{Eh}为水平地震作用分项系数,取1.3;

A——墙体横截面面积,多孔砖取毛截面面积;

γ_{RE}——承载力抗震调整系数,对两端均有构造柱、芯柱的承重墙取0.9,其他承重墙取1,自承重墙取0.75。

(2)当墙体中部设置界面不小于240 mm×240 mm、间距不大于4 m的构造柱时,可考虑其对墙体受剪承载力的提高作用,墙体的截面抗震受剪承载力可按下列简化方法验算:

$$V \leqslant \frac{1}{\gamma_{RE}} \left[\eta_c f_{vE} (A - A_c) + \zeta f_t A_c + 0.08 f_y A_s \right] \tag{5-20}$$

式中:A_c——中部构造柱的横截面总面积。对横墙和内纵墙,$A_c > 0.15A$时取0.15A;对外纵墙,$A_c > 0.25A$时取0.25A。

f_t——中部构造柱的混凝土轴心抗拉强度设计值。

f_y——钢筋抗拉强度设计值。

A_s——中部构造柱的纵向钢筋总面积,其配筋率应不小于0.6%,当大于1.4%时取1.4%。

ζ——中部构造柱参与工作系数,居中设计一根时取0.5,多于一根时取0.4。

η_c——墙体约束修正系数,一般情况下取1.0,构造柱间距不大于2.8 m时取1.1。

4. 水平配筋墙体的截面抗震受剪承载力验算

水平配筋普通砖、多孔砖墙体的截面抗震受剪承载力,按下式确定:

$$V \leqslant \frac{1}{\gamma_{RE}}[f_{vE}A + \zeta_s f_y A_s] \qquad (5-21)$$

式中:A——墙体截面面积,多孔砖取毛截面面积;

A_s——层间墙体竖向截面的总水平钢筋面积,其配筋率应不小于0.07%且不大于0.17%;

ζ_s——钢筋参与工作系数,可按表5-8采用。

表5-8 钢筋参与工作系数

墙体高宽比	0.4	0.6	0.8	1.0	1.2
ζ_s	0.10	0.12	0.14	0.15	0.12

5. 混凝土小砌块墙体截面抗震受剪承载力验算

混凝土小砌块墙体截面抗震受剪承载力,按下式确定:

$$V \leqslant \frac{1}{\gamma_{RE}}[f_{vE}A + (0.3f_t A_c + 0.05f_y A_s)\zeta_c] \qquad (5-22)$$

式中:f_t——芯柱混凝土轴心抗拉强度设计值;

A_c——芯柱的横截面总面积;

A_s——芯柱的钢筋截面总面积;

ζ_c——芯柱参与工作系数,可按表5-9采用。

当同时设置芯柱和构造柱时,构造柱截面可作为芯柱截面,构造柱钢筋可作为芯柱钢筋。

表5-9 芯柱参与工作系数

填孔率ρ	$\rho < 0.15$	$0.15 \leqslant \rho < 0.25$	$0.25 \leqslant \rho < 0.5$	$\rho \geqslant 0.5$
ζ_c	0.0	1.0	1.10	1.15

注:填孔率是指芯柱的根数(含构造柱和填实孔洞数量)与孔洞总数之比。

5.4 砌体房屋抗震验算实例

某四层砖混结构办公室,其平面尺寸如图5-13所示。楼盖和屋盖采用预制钢筋混凝土空心板。横墙承重,楼梯间突出屋顶。砖的强度等级为MU10,砂浆的强度等级为:底层、2层为M5,其余为M2.5。窗口尺寸除个别注明外,一般为1500 mm × 2100 mm,内门尺寸为

1000 mm×2500 mm，抗震设防烈度为 7 度，设计基本地震加速度值为 0.10g，建筑场地为 I 类，设计地震分组为一组，试验算该楼墙体抗震承载力。

解：

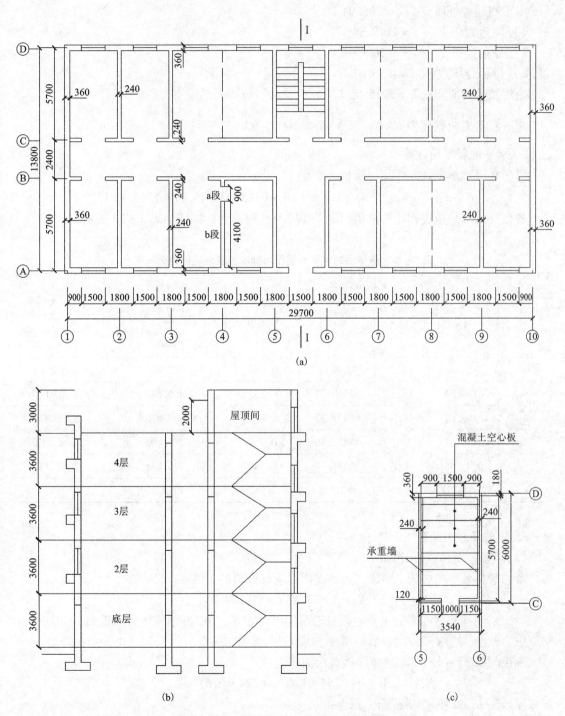

图 5-13　办公楼平面、剖面(单位 mm)

1. 建筑总重力荷载代表值计算

集中在各楼层标高处的各质点重力荷载代表值包括：楼面(屋面)自重的标准值、50%楼面(屋面)承受的活荷载、上下各半墙重的标准值之和，即：

屋顶间顶盖处质点：$G_5 = 205.94$ kN

4 层屋盖处质点：$G_4 = 4140.84$ kN

3 层屋盖处质点：$G_3 = 4856.67$ kN

2 层屋盖处质点：$G_2 = 4856.67$ kN

底层楼盖处质点：$G_1 = 5985.85$ kN

建筑总重力荷载代表值：$G_E = \sum_{i=1}^{5} G_i = 20045.97$ kN

2. 水平地震作用计算

房屋底部总水平地震作用标准值 F_{EK} 为：

$$F_{EK} = \alpha_1 G_{eq} = \alpha_{max} \times 0.85 G_E = 0.08 \times 0.85 \times 20045.97 = 1363.13 \text{ kN}$$

各楼层的水平地震作用标准值(图 5 – 14)及地震剪力标准值如表 5 – 10 所示。

表 5 – 10　各楼层的水平地震作用标准值及地震剪力标准值

	G_i /kN	H_i /m	$G_i H_i$	$\dfrac{G_i H_i}{\sum_{j=1}^{5} G_j H_j}$	$F_i = \dfrac{G_i H_i}{\sum_{j=1}^{5} G_j H_j} F_{EK}$ /kN	$V_i = \sum_{i=1}^{5} F_i$ /kN
屋顶间	205.94	18.2	3748.11	0.020	27.26	27.263
4	4140.84	15.2	62940.77	0.335	456.648	483.911
3	4856.67	11.6	56337.37	0.299	407.576	891.487
2	4856.67	8.0	38853.36	0.206	280.805	1172.292
1	5985.85	4.4	26337.74	0.140	190.838	1363.13
$\sum$	20045.97		188217.35		1363.13	

3. 抗剪承载力验算

(1)屋顶间墙体强度计算。

考虑鞭梢效应的影响，屋顶间的地震作用取计算值的 3 倍：

$$V_5 = 3 \times 27.263 = 81.789 \text{ kN}$$

屋面采用预制钢筋混凝土空心板且沿房屋纵向布置，⑤、⑥轴墙体为承重墙，由于 C、D 轴压应力较小，选取 C、D 轴墙体(非承重墙)进行验算。

屋顶间(图 5 – 15)C 轴墙体净横截面面积为：

$$A_{C顶} = (3.54 - 1.0) \times 0.24 = 0.61 \text{ m}^2$$

屋顶间 D 轴墙体净横截面面积为：

$$A_{D顶} = (3.54 - 1.0) \times 0.36 = 0.73 \text{ m}^2$$

因屋顶间沿房屋纵向尺寸很小，故其水平地震作用产生的剪力分配按下式进行，即：

118

$$V_{C顶} = \frac{1}{2}\left(\frac{0.61}{0.61+0.73} + \frac{1}{2}\right) \times 81.789 = 39.05 \text{ kN}$$

$$V_{D顶} = \frac{1}{2}\left(\frac{0.73}{0.61+0.73} + \frac{1}{2}\right) \times 81.789 = 42.735 \text{ kN}$$

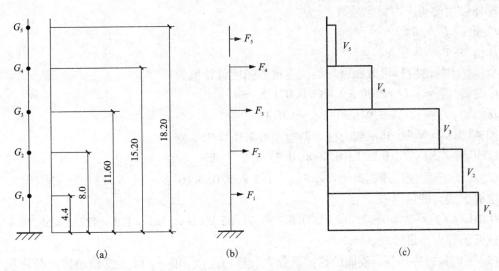

图 5-14　地震作用及地震剪力分布

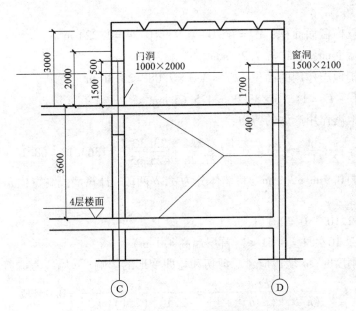

图 5-15　屋顶间剖面尺寸示意图(单位：mm)

在层高半高处自重产生的平均压应力为(砖砌体容重按 19 kN/m³ 计算)

C 轴墙：$\sigma_0 = \dfrac{(1.5 \times 3.54 - 0.5 \times 1.0) \times 0.24 \times 19}{0.24 \times (3.54 - 1.0)} = 35.98 \text{ kN/m}^2$

D 轴墙：$\sigma_0 = \dfrac{(1.5 \times 3.54 - 0.2 \times 1.5) \times 0.36 \times 19}{0.36 \times (3.54 - 1.5)} = 46.66 \text{ kN/m}^2$

由《砌体结构设计规范》(GB 50003—2001)查得砂浆强度等级为 M2.5 时，砖砌体 $f_v = 0.08$ MPa，其 σ_0/f_v 值为：

C 轴墙：$\sigma_0/f_v = 3.598 \times 10^{-2}/0.08 = 0.45$

D 轴墙：$\sigma_0/f_v = 4.666 \times 10^{-2}/0.08 = 0.58$

砌体强度的正应力影响系数 ζ_N 为：

C 轴墙：$\zeta_N = 0.89$

D 轴墙：$\zeta_N = 0.916$

所以，砌体沿阶梯形截面破坏的抗震抗剪强度设计值为：

C 轴墙：$f_{vE} = \zeta_N f_v = 0.89 \times 0.08 = 0.071$ N/mm²

D 轴墙：$f_{vE} = \zeta_N f_v = 0.916 \times 0.08 = 0.073$ N/mm²

因轴墙体不承重，其承载力抗震调整系数采用 0.75，则：

C 轴墙：$f_{vE}A/\gamma_{RE} = 0.071 \times 610000/0.75 = 57.75$ kN

C 轴墙承重的设计地震剪力：$\gamma_{RE}V_{C顶} = 1.3 \times 39.05 \times 10^3$ N = 50.76 < 57.75 kN

抗剪承载力满足要求。

D 轴墙：$f_{vE}A/\gamma_{RE} = 0.071 \times 730000/0.75 = 71.05$ kN > $\gamma_{RE}V_{C顶} = 1.3 \times 42735 = 55.56$ kN

抗剪承载力满足要求。

(2) 横向地震作用下，横墙的抗剪承载力验算（由于④轴开洞大，⑨轴墙体负荷面积大，取④、⑨轴墙体。）

a. ④轴墙体验算。

④轴墙体验算横截面面积：$A_{14} = (6.0 - 0.9) \times 0.24 = 1.224$ m²

底层横墙总截面面积：$A_1 = 27.26$ mm²

④轴墙体承担地震作用的面积：$F_{14} = 3.3 \times 7.08 = 23.36$ m²

底层建筑面积：$F_1 = 14.16 \times 30.06 = 425.65$ mm²

④轴墙体由地震作用产生的剪力：

$$V_{14} = \frac{1}{2}\left(\frac{A_{14}}{A_1} + \frac{F_{14}}{F_1}\right)V_1 = \frac{1}{2}\left(\frac{1.224}{27.26} + \frac{23.36}{425.65}\right) \times 1363.13 = 68.16 \text{ kN}$$

④轴墙有门洞 0.9 m × 2.1 m。将墙体分为 a、b 两段，计算墙段高宽比 h/b 时，墙段 a、b 的 h 取 2.1 m。

a 墙段 $h/b = 2.10/1.0 = 2.1(1 < 2.1 < 4)$

b 墙段 $h/b = 2.10/4.1 = 0.51 < 1$（首层墙高 4.1 m）

求墙段侧移刚度时，a 墙段应考虑剪切和弯曲变形的影响。a 墙段考虑剪切变形的影响：

$$K_a = \frac{Et}{(h/b)\left[(h/b)^3 + 3\right]} = \frac{Et}{(2.1)\left[(2.1)^3 + 3\right]} = 0.064Et$$

$$K_b = \frac{Et}{(h/b) \times 3} = \frac{Et}{0.51 \times 3} = 0.654Et$$

所以，$\sum K = K_a + K_b = 0.718Et$

各墙段分配的地震剪力为：

$$a \text{ 墙段 } V_a = \frac{K_a}{\sum K}V_{14} = \frac{0.064Et}{0.718Et} = 6.076 \text{ kN}$$

$$b \text{ 墙段 } V_b = \frac{K_b}{\sum K} V_{14} = \frac{0.645Et}{0.718Et} = 62.084 \text{ kN}$$

各墙段在半层高处的平均压应力为：

$$a \text{ 墙段 } \sigma_0 = 60.33 \times 10^{-2} \text{ N/mm}^2$$

$$b \text{ 墙段 } \sigma_0 = 46.21 \times 10^{-2} \text{ N/mm}^2$$

各墙段抗剪承载力验算结果列于表 5-11，砂浆强度为 M5 时，$f_v = 0.11$ MPa。

表 5-11　各墙段抗剪承载力验算

	A mm^2	σ_0 /(N·mm^{-2})	σ_0/f_v	ζ_N	$f_{vE} = \zeta_N f_v$ /(N·mm^{-2})	V /kN	$\gamma_{RE} V$ /kN	$f_{vE} A/\gamma_{RE}$ /kN
a	240000	60.33×10^{-2}	5.48	1.55	0.17	6.076	7.899	40.8
b	984000	46.21×10^{-2}	4.20	1.41	0.16	62.084	80.709	152.5

由此可以看出，各墙段抗剪承载力均满足要求。

b. ⑨轴墙体验算。

⑨轴墙体验算横截面面积：$A_{19} = 6.0 \times 0.24 \times 2 = 2.88 \text{ m}^2$

底层横墙总截面面积：$A_1 = 27.26 \text{ mm}^2$

⑨轴墙体承担地震作用的面积：

$$F_{19} = (3.3 + 1.65) \times 7.08 + (4.95 + 1.65) \times 7.08 = 81.77 \text{ m}^2$$

底层建筑面积：$F_1 = 14.16 \times 30.06 = 425.65 \text{ mm}^2$

⑨轴墙体由地震作用产生的剪力：

$$V_{19} = \frac{1}{2} \left(\frac{A_{19}}{A_1} + \frac{F_{19}}{F_1} \right) V_1 = \frac{1}{2} \left(\frac{2.88}{27.26} + \frac{81.77}{425.65} \right) \times 1363.13 = 203.11 \text{ kN}$$

各墙段在半层高处的平均压应力均为：

$$\sigma_0 = 41.60 \times 10^{-2} \text{ N/mm}^2$$

砂浆强度为 M5 时，$f_v = 0.11$ MPa，则：

$$\sigma_0/f_v = 41.60 \times 10^{-2}/0.11 = 3.78$$

$$\zeta_N = 1.366$$

$$f_{vE} = \zeta_N f_v = 1.366 \times 0.12 = 0.15 \text{ N/mm}^2$$

$$f_{vE} A/\gamma_{RE} = 0.15 \times 2880000/1 = 432 \text{ kN}$$

承重的设计地震剪力：$\gamma_{RE} V_{C顶} = 1.3 \times 203.11 \times 10^3 \text{ N} = 264 < 432 \text{ kN}$

抗剪承载力满足要求。

(3) 纵向地震作用下，外纵墙的抗剪承载力验算（取底层 A 轴墙体）

a. 作用在 A 轴窗间墙的地震剪力。

由于各窗间墙的宽度相等，故作用在窗间墙上的地震剪力 V_c 可按横截面面积的比例进行分配，即：

$$V_c = \frac{A_{1A}}{A_1} V_1 \times \frac{a_c}{A_{1A}} = \frac{a_c}{A_1} V_1 = (0.648/22) \times 1363.13 = 40.15 \text{ kN}$$

b. 窗间墙抗剪承载力。

墙体在半层高处的平均压应力为：

$$\sigma_0 = 35.06 \times 10^{-2} \text{ N/mm}^2$$

$$\sigma_0/f_v = 35.06 \times 10^{-2}/0.11 = 3.18$$

$$\zeta_N = 1.299$$

$$f_{vE} = \zeta_N f_v = 1.299 \times 0.11 = 0.156 \text{ N/mm}^2$$

以上验算的是纵向非承重窗间墙，但从总体上看，有大梁作用于纵墙上，故仍属承重砖墙，其承载力抗震调整系数仍采用1，故

$$f_{vE}A/\gamma_{RE} = 0.156 \times 1800 \times 360/1 = 101.09 \text{ kN}$$

承重的设计地震剪力：

$$\gamma_{RE}V_c = 1.3 \times 40.15 \times 10^3 \text{ N} = 52.2 \text{ kN} < 101.09 \text{ kN}$$

抗剪承载力满足要求。

其他各层墙体的抗震抗剪承载力验算方法同上，过程略。

5.5 砌体结构的抗震构造措施

对于多层砌体房屋一般不进行第二阶段的设计，亦即不进行罕遇地震作用下的变形验算，而是在第一阶段概念设计和墙体抗震承载力验算的基础上，通过一系列构造措施来提高房屋的性能。结构抗震构造措施的主要目的在于加强结构的整体性、保证抗震构造措施目标的实现、弥补抗震计算的不足，使之具有一定的变形能力(延性)。

5.5.1 多层砌体房屋的构造措施

1. 设置钢筋混凝土构造柱

钢筋混凝土构造柱，是指先砌筑墙体并在墙体两端或纵横墙交接处留马牙槎，然后现浇混凝土所形成的柱，其与圈梁在砌体房屋中构成"弱框架"。震害调查与试验研究均表明钢筋混凝土构造柱的主要功能是约束墙体，使其变形能力显著提高。

(1)设置位置和要求(多层砖房)。

各类多层砖砌体房屋，应按下列要求设置现浇钢筋混凝土构造柱，设置部位一般情况下应符合表5-12的要求。

外廊式和单面走廊式的多层房屋，应根据房屋增加一层后的层数，按表5-12的要求设置构造柱，且单面走廊两侧的纵墙均应按外墙处理。

横墙较少的房屋，应根据房屋增加一层后的层数，按表5-12的要求设置构造柱。当横墙较少的房屋为外廊式或单面走廊式时，应按表5-12的要求设置构造柱；但地震烈度为6度不超过四层、7度不超过三层和8度不超过二层时，应按增加二层后的层数对待。

各层横墙很少的房屋，应按增加二层后的层数设置构造柱。

采用蒸压灰砂砖和蒸压粉煤灰砖的砌体房屋，当砌体的抗剪强度仅达到普通黏土砖砌体的70%时，应根据增加一层后的层数按上述要求设置构造柱；但地震烈度为6度不超过四层、7度不超过三层和8度不超过二层时，应按增加二层后的层数对待。

表 5 – 12　普通砖、多孔砖房屋构造柱设置要求

各地震烈度下的房屋层数				设置部位	
6 度	7 度	8 度	9 度		
4、5	3、4	2、3		楼、电梯间四角、楼梯斜梯段上下端对应的墙体处；外墙四角和对应转角；错层部位横墙与外纵墙交接处；较大洞口两侧	隔 12 m 或单元横墙与外纵墙交接处；楼梯间对应的另一侧内横墙与外纵墙交接处
6、7	5	4	2		隔开间横墙（轴线）与外墙交接处；山墙与内纵墙交接处
8	6、7	5、6	3、4		内墙（轴线）与外墙交接处；内横墙的局部较小墙垛处；内纵墙与横墙（轴线）交接处

注：较大洞口，内墙指不小于 2.1 m 的洞口；外墙在内外墙交接处已设置构造柱时应允许适当放宽，但洞侧墙体应加强。

（2）截面尺寸、配筋和连接的要求。

①截面与配筋。

构造柱最小截面可采用 240 mm × 180 mm，纵向钢筋宜采用 4φ12，箍筋间距不宜大于 250 mm，且在柱上下端适当加密；地震烈度为 7 度时超过六层、8 度时超过五层和 9 度时，构造柱纵向钢筋宜采用 4φ14，箍筋间距不应大于 200 mm；房屋四角的构造柱可适当加大截面及配筋。

②构造柱与墙体的连接。

构造柱与墙体的连接处应砌成马牙槎，沿墙高每隔 500 mm 设 2φ6 水平钢筋和φ4 分布短钢筋平面内点焊组成的拉结钢筋网片或φ4 点焊钢筋网片，每边伸入墙内不宜小于 1 m。地震烈度为 6 度、7 度时底部 1/3 楼层，8 度时底部 1/2 楼层，9 度时全部楼层，上述拉结钢筋网片应沿墙体水平通长设置，具体如图 5 – 16 所示。

③构造柱与圈梁的连接。

构造柱与圈梁连接处，构造柱的纵筋应穿过圈梁，保证构造柱纵筋上下贯通。

④构造柱的基础。

构造柱可不单独设置基础，但应深入室外地面下 500 mm，或与埋深小于 500 mm 的基础圈梁相连。

⑤房屋高度和层数接近限值时的构造柱间距。

房屋高度和层数接近限值时，纵横墙内的构造柱间距尚应符合下列要求：

a. 横墙内构造柱间距不宜大于层高的 2 倍，下部 1/3 的楼层的构造柱间距应适当减小；

b. 外墙的构造柱间距应每开间设置一柱；当开间大于 3.9 m 时，应另设加强措施。内纵墙的构造柱间距不宜大于 4.2 m。

（3）设置钢筋混凝土圈梁。

①钢筋混凝土圈梁的主要功能。

a. 圈梁能增加纵横墙体的连接，加强整个房屋的整体性。

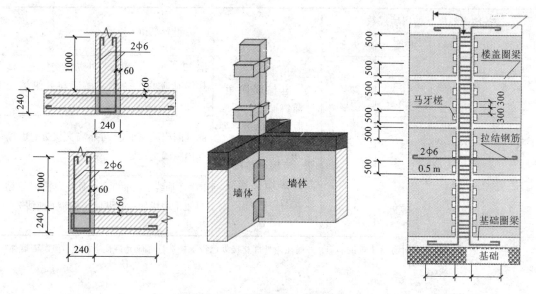

图 5 – 16 构造柱与墙体的连接

b. 圈梁可箍住楼盖,增强整体刚度。

c. 减小墙体的自由长度,增强墙体的稳定性。

d. 可提高房屋的抗剪强度,约束墙体裂缝的开展;抵抗地基不均匀沉降,减小构造柱计算长度。

圈梁与构造柱一起,形成砌体房屋的箍,使其抗震性能大大改善。

②钢筋混凝土圈梁的设置部位及构造要求。

a. 装配式钢筋混凝土楼(屋)盖或木楼(屋)盖的砖房,横墙承重时应按表 5 – 13 的要求设置圈梁,纵墙承重时每层均应设置圈梁,且抗震墙上的圈梁间距应比表内要求适当加密。

表 5 – 13 多层砖砌体房屋现浇钢筋混凝土圈梁设置要求

墙类	地震烈度		
	6 度、7 度	8 度	9 度
外墙和内纵墙	屋盖处及每层楼盖处	屋盖处及每层楼盖处	屋盖处及每层楼盖处
内横墙	屋盖处及每层楼盖处;屋盖处间距不应大于 4.5 m;楼盖处间距不应大于 7.2 m;构造柱对应部位	屋盖处及每层楼盖处;各层所有横墙,且间距不应大于 4.5 m;构造柱对应部位	屋盖处及每层楼盖处;各层所有横墙

b. 现浇或装配整体式钢筋混凝土楼(屋)盖与墙体可靠连接的房屋可不另设圈梁,但楼板沿墙体周边应加强配筋,并应与相应的构造柱钢筋可靠连接。

c. 圈梁应闭合,遇有洞口应上下搭接,圈梁宜与预制板设在同一标高处或紧靠板底。

d. 圈梁在表 5 – 13 要求的间距内无横墙时,应利用梁或板缝中配筋替代圈梁。

③圈梁的截面尺寸及配筋。

圈梁应在水平面上自行闭合，但遇有洞口使圈梁被迫中断时，应上下搭接。圈梁宜与预制板设在同一标高处或紧靠板底；圈梁要求的间距内无横墙时，应利用梁或板缝中配筋替代圈梁；圈梁的构造如图 5 – 17 所示，其截面高度一般不应小于 180 mm，配筋应符合要求，但在软弱黏性土、液化土、新近填土或严重不均匀土层上的砌体房屋的基础圈梁，截面高度不应小于 180 mm，配筋不应少于 4 ϕ 12，具体如表 5 – 14 所示。

表 5 – 14　多层砖砌体房屋圈梁配筋要求

配筋	地震烈度		
	6 度、7 度	8 度	9 度
最小纵筋	4 ϕ 10	4 ϕ 12	4 ϕ 14
箍筋最大间距/mm	250	200	150

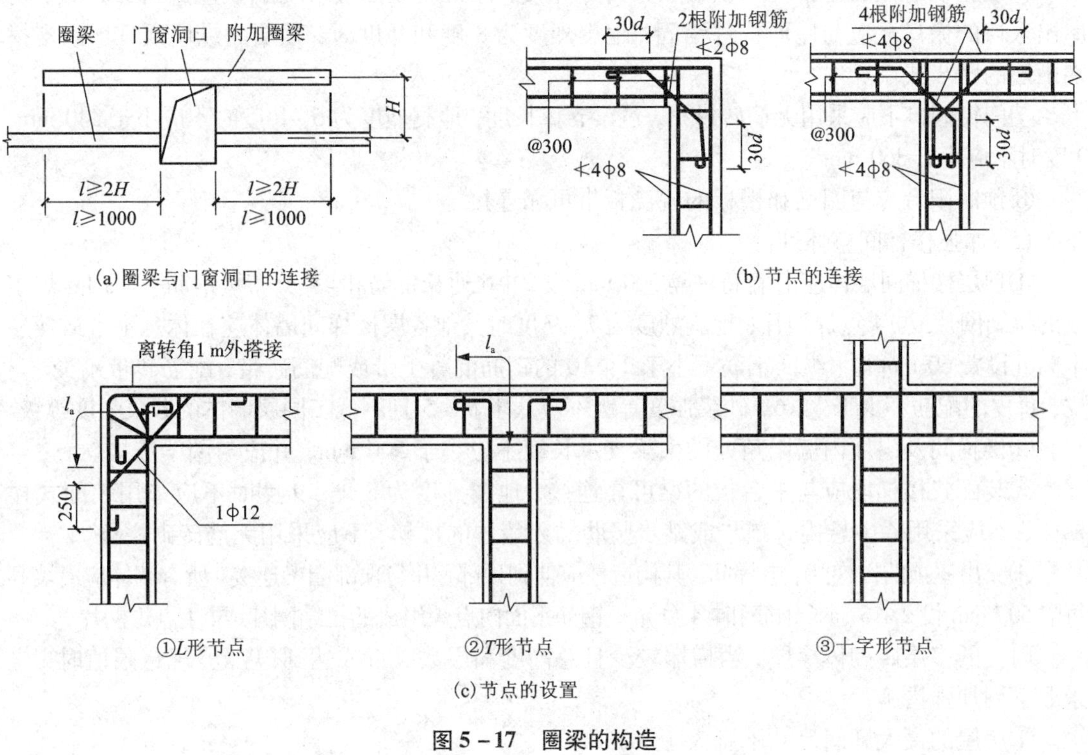

(a)圈梁与门窗洞口的连接　　　　　　(b)节点的连接

①L 形节点　　　　②T 形节点　　　　③十字形节点

(c)节点的设置

图 5 – 17　圈梁的构造

(4)屋(楼)盖的构造要求。

①现浇钢筋混凝土楼板或屋面板伸进纵、横墙内的长度，均不宜小于 120 mm。

②装配式钢筋混凝土楼板或屋面板，当圈梁未设在板的同一标高时，板端伸进外墙的长度不应小于 120 mm，伸进内墙的长度不应小于 100 mm，在梁上不应小于 80 mm。

③当板的跨度大于 4.8 m 并与外墙平行时，靠外墙的预制板侧边应与墙或圈梁拉结。如图 5 – 18 所示。

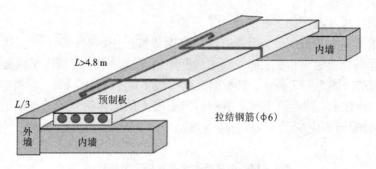

图 5-18 预制板与圈梁的拉结

④房屋端部大房间的楼盖，地震烈度为 8 度时房屋的楼（屋）盖和 9 度时房屋的楼（屋）盖，圈梁设在板底时，钢筋混凝土预制板应相互拉结，并应与梁、墙或圈梁拉结。

⑤楼（屋）盖的钢筋混凝土梁或屋架，应与墙、柱（包括构造柱）或圈梁可靠连接，梁与砖柱的连接不应削弱柱截面，各层独立砖柱顶部应在两个方向上均有可靠连接。

⑥坡屋顶房屋的屋架应与顶层圈梁可靠连接，檩条或屋面板应与墙及屋架可靠连接，房屋出入口的檐口瓦应与屋面构件锚固；地震烈度为 8 度和 9 度时，顶层内纵墙顶宜增砌支撑端山墙的踏步式墙垛。

⑦门窗洞口不应采用无筋砖过梁，过梁支撑长度，地震烈度为 6~8 度时不应小于 240 mm，9 度时不应小于 360 mm。

⑧预制阳台应与圈梁和楼板的现浇板带可靠连接。

（5）加强楼梯间整体性。

①顶层楼梯间墙体应沿墙高每隔 500 mm 设 2φ6 通长钢筋和φ4 分布短钢筋平面内点焊组成的拉结网片或φ4 点焊网片；地震烈度为 7~9 度时其他各层楼梯间墙体应在休息平台或楼层半高处设置 60 mm 厚、纵向钢筋不小于 2φ10 的钢筋混凝土带或配筋砖带，配筋砖带不少于 3 皮，每皮的配筋不少于 2φ6，砂浆强度等级不应低于 M7.5 且不低于同层墙体的砂浆强度等级。

②楼梯间及门厅内墙阳角处的大梁支承长度不应小于 500 mm，并应与圈梁连接。

③装配式楼梯段应与平台板的梁可靠连接，地震烈度为 8 度、9 度时不应采用装配式楼梯段；不应采用墙中悬挑式踏步或踏步竖肋插入墙体的楼梯，不应采用无筋砖砌栏板。

④突出屋顶的楼梯间、电梯间，其构造柱应伸到顶部，并与顶部圈梁连接，所有墙体应沿墙高每隔 500 mm 设 2φ6 通长钢筋和φ4 分布短钢筋平面内点焊组成的拉结网片或φ4 点焊网片。

丙类的多层砖砌体房屋，当横墙较少且总高度和层数接近或达到《规范》规定限值时，应采取下列加强措施：

①房屋的最大开间尺寸不宜大于 6.6 m。

②同一结构单元内横墙错位数量不宜超过横墙总数的 1/3，且连续错位不宜多于两道；错位的墙体交接处均应增设构造柱，且楼、屋面板应采用现浇钢筋混凝土板。

③横墙和内纵墙上洞口的宽度不宜大于 1.5 m；外纵墙上洞口的宽度不宜大于 2.1 m 或开间尺寸的一半；且内外纵墙上洞口位置不应影响内外纵墙与横墙的整体连接。

④所有纵横墙均应在楼（屋）盖标高处设置加强的现浇钢筋混凝土圈梁：圈梁的截面高度不宜小于 150 mm，上下纵筋不应小于 3φ10，箍筋不小于φ6，间距不大于 300 mm。

⑤所有纵横墙交接处及横墙的中部，均应增设满足下列要求的构造柱：在纵横墙内的柱

距不宜大于 3.0 m，最小截面尺寸不宜小于 240 mm × 240 mm（墙厚 190 mm 时为 240 mm × 190 mm），配筋宜符合表 5 – 15 的要求。

⑥同一结构单元的楼、屋面板应设置在同一标高处。

⑦房屋底层和顶层的窗台标高处，宜设置沿纵横墙通长的水平现浇钢筋混凝土带；其截面高度不小于 60 mm，宽度不小于墙厚，纵向钢筋不小于 2φ10，横向分布筋不小于 φ6 且其间距不大于 200 mm。

表 5 – 15　增设构造柱的纵筋和箍筋设置要求

位置	纵向钢筋			箍筋/mm		
	最大配筋率/%	最小配筋率/%	最小直径/mm	加密区范围	加密区间距	最小直径
角柱	1.8	0.8	14	全高	100	6
边柱			14	上端 700		
中柱	1.4	0.6	12	下端 500		

5.5.2　多层砌块结构房屋的抗震构造措施

1. 设置钢筋混凝土芯柱

（1）芯柱设置部位及数量。

混凝土小砌块房屋应按表 5 – 16 要求设置钢筋混凝土芯柱；对医院、教学楼等横墙较少的房屋，应根据房屋增加一层后的层数按表 5 – 16 要求设置芯柱。

表 5 – 16　多层小砌块房屋芯柱设置要求

各地震烈度下的房屋层数				设置部位	设置数量
6 度	7 度	8 度	9 度		
4、5	4、5	2、3		外墙转角，楼、电梯间四角、楼梯斜梯段上下端对应的墙体处；大房间内外墙交接处；错层部位横墙与外纵墙交接处；隔 12 m 或单元横墙与外纵墙交接处	外墙转角，灌实 3 个孔；内外墙交接处，灌实 4 个孔；楼梯斜梯段上下端对应的墙体处，灌实 2 个孔
6	5	4		外墙转角，楼、电梯间四角、楼梯斜梯段上下端对应的墙体处；大房间内外墙交接处；隔开间横墙（轴线）与外纵墙交接处	
7	6	5	2	外墙转角，楼、电梯间四角、楼梯斜梯段上下端对应的墙体处；大房间内外墙交接处；各内墙（轴线）与外纵墙交接处；内纵墙与横墙（轴线）交接处和洞口两侧	外墙转角，灌实 5 个孔；内外墙交接处，灌实 4 个孔；内墙交接处，灌实 2 个孔；洞口两侧各灌实 1 个孔
	7	≥6	≥3	外墙转角，楼、电梯间四角、楼梯斜梯段上下端对应的墙体处；大房间内外墙交接处；横墙内芯柱间距不大于 2 m	外墙转角，灌实 7 个孔；内外墙交接处，灌实 5 个孔；内墙交接处，灌实 4～5 个孔；洞口两侧各灌实 1 个孔

（2）芯柱截面尺寸、混凝土强度等级和配筋。

①混凝土小砌块房屋芯柱截面尺寸不宜小于 120 mm × 120 mm。

②芯柱混凝土强度等级，不应低于 C20。

③芯柱竖向钢筋应贯通墙身且与圈梁连接，插筋不应小于 1φ12，地震烈度为 7 度时超过五层、8 度时超过四层和 9 度时，插筋不应小于 1φ14。

④芯柱应伸入室外地面下 500 mm，或与埋深小于 500 mm 的基础圈梁相连。

⑤为提高墙体抗震受剪承载力而设置的芯柱，宜在墙体内均匀布置，最大净距不宜大于 2.0 m。

（3）砌块房屋中替代芯柱的钢筋混凝土构造柱。

①截面与配筋。构造柱截面不宜小于 190 mm × 190 mm，纵向钢筋宜采用 4φ12，箍筋间距不宜大于 250 mm，且在柱上下端应适当加密；地震烈度为 6 度、7 度时超过五层，8 度时超过四层和 9 度时，构造柱纵向钢筋宜采用 4φ14，箍筋间距不应大于 200 mm；外墙转角的构造柱可适当加大截面及配筋。

②构造柱与墙体的连接。构造柱与砌块墙连接处应砌成马牙槎，与构造柱相邻的砌块孔洞，地震烈度为 6 度时宜填实，7 度时应填实，8 度、9 度时应填实并插筋。构造柱与砌块墙之间沿墙高每隔 600 mm 设置 φ4 点焊拉结钢筋网片，并应沿墙体水平通长设置。地震烈度为 6 度、7 度时底部 1/3 楼层，8 度时底部 1/2 楼层，9 度时全部楼层，上述拉结钢筋网片沿墙高间距不大于 400 mm。

③构造柱与圈梁的连接。构造柱与圈梁连接处，构造柱的纵筋应在圈梁纵筋内侧穿过，保证构造柱纵筋上下贯通。

④构造柱的基础。构造柱可不单独设置基础，但应伸入室外地面下 500 mm，或与埋深小于 500 mm 的基础圈梁相连。

2．设置钢筋混凝圈梁

多层小砌块房屋的现浇钢筋混凝土圈梁的设置位置应按多层砖砌体房屋圈梁的要求执行，圈梁宽度不应小于 190 mm，配筋不应小于 4φ12，箍筋间距不应大于 200 mm。

多层小砌块房屋的层数，地震烈度为 6 度时超过五层、7 度时超过四层、8 度时超过三层和 9 度时，在底层和顶层的窗台标高处，沿纵横墙应设置通长的水平现浇钢筋混凝土带；其截面高度不小于 60 mm，纵筋不小于 2φ10，并应有分布拉结钢筋；其混凝土强度等级不应低于 C20。

水平现浇混凝土带亦可采用槽形砌块替代模板，其纵筋和拉结钢筋不变。对于丙类的多层小砌块房屋，当横墙较少且总高度和层数接近或达到规定限值时，应符合相关要求；其中，墙体中部的构造柱可采用芯柱替代，芯柱的灌孔数量不应少于 2 孔，每孔插筋的直径不应小于 18 mm。小砌块房屋的其他抗震构造措施，尚应符合《规范》要求。其中，墙体的拉结钢筋网片间距应符合《规范》要求，分别取 600 mm 和 400 mm。

复习思考题

1. 试说明多层砌体房屋在地震作用下墙体产生斜裂缝、交叉裂缝、水平裂缝、竖向裂缝的部位和原因。

2. 什么是墙体的侧移刚度？它的确定原则是什么？

3. 试述砌体房屋的楼层水平地层剪力在各抗侧力墙体间的分配原理和不同楼盖对其的影响。

4. 应选择哪些墙段进行墙体的截面抗震承载力验算？

5. 多层内框架砖房楼层地震剪力在抗震墙和柱之间是如何分配的？

6. 试述多层砌体房屋和底部框架—抗震墙房屋有哪些构造措施？构造柱、圈梁、芯柱应符合哪些要求？

第6章　钢结构抗震设计

【学习目标】

1. 理解并能分析钢结构房屋常见震害；
2. 掌握钢结构的抗震概念设计；
3. 了解多、高层钢结构抗震设计要点，熟悉钢结构房屋抗震构造要求；
4. 了解网架结构的抗震设计要点及抗震构造措施。

【读一读】

同混凝土结构相比，钢结构具有轻质高强的特性，可减轻结构自重，从而减轻结构所受到的地震作用；钢材材质均匀，强度易于保证，因此可靠性高；钢材的延性好，使得结构具有较好的变形能力，能保证结构安全性。从总体上看，钢结构抗震性能好。尽管如此，在设计、施工、维护等方面若出现问题，也会造成钢结构建筑物的损害或破坏，如图6-1所示，使其优良的材料性能得不到充分发挥。钢结构在地震作用下哪些部位容易发生破坏？对钢结构建筑物如何进行抗震设计？设计过程中又应采取哪些构造措施？这些都是本章将要讨论的问题。

(a)梁柱节点震害柱焊背断裂

(b)钢柱的局部屈曲

(c)某综艺楼外檐下弦断裂

图6-1　钢结构建筑物所受震害

6.1　震害现象及其分析

震害调查表明，钢结构较少出现倒塌破坏情况，主要震害表现为构件破坏、节点破坏、基础连接破坏等。

6.1.1　结构倒塌

虽然钢结构房屋出现整体倒塌的情况不多，却是地震中结构破坏最严重的形式。如果结构出现薄弱层，就可能造成结构倒塌。在 1995 年阪神大地震中，有许多多层钢结构在首层发生了整体破坏，还有不少多层钢结构在中间层发生整体破坏。钢结构房屋在地震中严重破坏或倒塌与结构抗震设计水平关系很大。1971 年是日本钢结构设计规范修订的年份，1982 年是日本建筑标准法实施的年份，从表 6-1 知，由于新设计规范采纳了新研究成果，提高了结构抗震设计水平，在同一地震中按新规范设计建造的钢结构房屋倒塌的数量就要比按老规范设计建造的少得多。

表 6-1　1995 年日本阪神地震中某地区钢结构房屋震害情况

建造年份	严重破坏或倒塌	中等破坏	轻微破坏	完　好
1971 年以前	5	0	2	0
1971—1982 年	0	0	3	5
1982 年以后	0	0	1	7

6.1.2　构件破坏

多、高层建筑钢结构构件破坏的主要形式有支撑构件压屈、梁柱局部失稳、柱水平裂缝或断裂破坏。

（1）支撑构件压屈。

在地震中支撑所受的压力超过其屈曲临界力时，即发生压屈破坏，如图 6-2 所示。

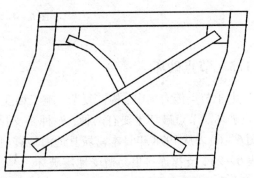

图 6-2　支撑构件压屈

（2）梁柱局部失稳。

梁或柱在地震作用下反复受弯，在弯矩最大截面处附近由于过度弯曲可能发生翼缘局部失稳破坏。美国伯克利大学研究了强柱弱梁型装配式框架在高轴压力和反复剪切作用下的 H 形截面柱子局部失稳的情况，如图 6 - 3 所示。

（3）柱水平裂缝或断裂破坏。

1995 年日本阪神地震中，位于阪神地震区芦屋市海滨城的 52 栋高层钢结构住宅，有 57 根钢柱发生断裂，其中 13 根钢柱为母材断裂[图 6 - 4(a)]，7 根钢柱在与支撑连接处断裂[图 6 - 4(b)]，37 根钢柱在拼接焊缝处断裂。钢柱的断裂是出人意料的，分析原因认为：竖向地震使柱中出现动拉力，由于应变速率高，使材料变脆；加上地震时为日本严冬时期，钢柱位于室外，钢材温度低于 0℃；焊缝和弯矩与剪力的不利影响等，最终造成柱水平断裂。

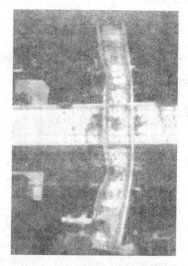

图 6 - 3　柱子局部压弯失稳

(a)母材的断裂

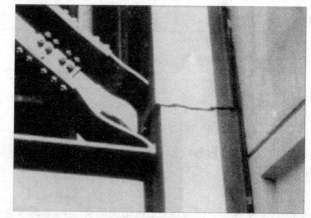

(b)支撑处的断裂

图 6 - 4　钢柱的断裂

6.1.3　节点破坏

由于节点传力集中、构造复杂，施工难度大，容易造成应力集中、强度不均衡现象，出现节点破坏。节点破坏主要有两种，一种是支撑连接破坏（图 6 - 5），另一种是梁柱连接破坏（图 6 - 6）。从 1978 年日本宫城县远海地震（里氏 7.4 级）所造成的钢结构建筑破坏情况来看（表 6 - 2），支撑连接更易遭受地震破坏。

表6-2 1978年日本宫城县远海地震钢结构建筑破坏类型统计

破坏类型	结构	各破坏等级下的数量				统计	
		V	IV	III	II	总数	百分比/%
过度弯曲	柱	—	2	—	2	11	7.4
	梁	—	—	—	1		
	梁、柱局部屈曲	2	1	1	2		
连接破坏	支撑连接	6	13	25	63	119	80.4
	梁柱连接	—	—	2	1		
	柱脚连接	—	4	2	1		
	其他连接	—	1	—	1		
基础失效	不均匀沉降	—	2	4	12	18	12.2
总计		8	23	34	83	148	100

注：II级为支撑、连接等出现裂纹，但没有不可恢复的屈曲变形；III级为出现小于1/30层高的永久层间变形；IV级为出现大于1/30层高的永久层间变形；V级为倒塌或无法继续使用。

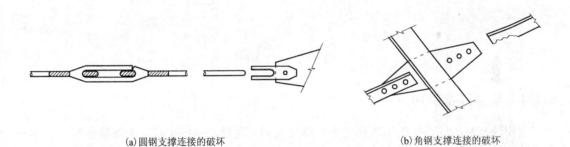

(a) 圆钢支撑连接的破坏   (b) 角钢支撑连接的破坏

图6-5 支撑连接破坏

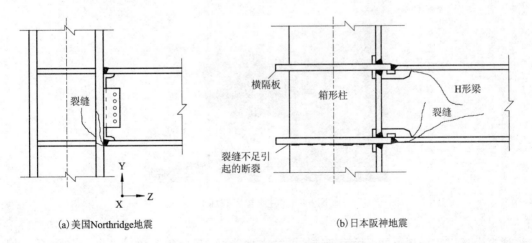

(a) 美国Northridge地震   (b) 日本阪神地震

图6-6 梁柱刚性连接的典型震害现象

1994 年美国 Northridge 和 1995 年日本阪神地震造成了很多梁柱刚性连接破坏。梁柱刚性连接裂缝或断裂破坏的原因如下：

（1）三轴应力影响。梁柱连接的焊缝变形由于受到梁和柱约束，施焊后焊缝残存三轴拉应力使材料变脆。

（2）焊缝缺陷。如裂纹、欠焊、夹渣和气孔等。这些缺陷将成为裂缝开展直至断裂的源头。

（3）构造缺陷。出于焊接工艺的要求，梁翼缘与柱连接处设有衬板，实际工程中衬板在焊接后就留在结构上，这样衬板与柱翼缘之间就形成了一条"人工裂缝"（图 6-7），成为连接裂缝发展的源头。

（4）焊缝金属冲击韧性低。低的冲击韧性使得连接很容易产生脆性破坏，成为引发节点破坏的重要因素。

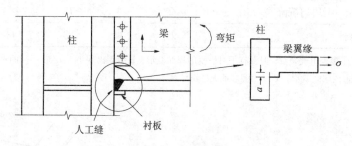

图 6-7　人工裂缝

6.1.4　基础连接破坏

钢构件与基础的连接锚固破坏主要有螺栓拉断、混凝土锚固失效、连接板断裂等。主要是设计构造、材料质量与施工质量等方面的问题所致。图 6-8 为地震时钢柱脚出现锚固破坏的情况，由于锚固力不足，造成混凝土剥落。

图 6-8　柱脚锚固破坏

通过上述震害分析可知，尽管钢结构的抗震性能好，但震害现象也是复杂多样的。原因可以归类为材料质量、结构设计与计算、结构构造、施工质量、维护情况等。为了预防钢结构震害的出现，钢结构房屋抗震设计应符合以下几节中的一些规定和抗震措施。

6.2　钢结构的抗震概念设计

建筑结构抗震设计包括三个方面：概念设计、抗震计算和构造措施。概念设计在总体上把握抗震设计的主要原则，弥补由于地震作用及结构地震反应的复杂性而造成抗震计算不准确的不足；抗震计算为建筑抗震设计提供定量保证；构造措施则为保证抗震概念设计与抗震计算的有效提供保障。在建筑结构抗震设计中，上述三个方面的内容是一个不可割裂的整体，忽略任何一个方面，都可能使抗震设计失效。多、高层钢结构抗震设计应选择合理的结构体系和结构布置，且满足现行《规范》对钢结构房屋的一般规定。

6.2.1　钢结构房屋的结构体系及抗震性能

常用的钢结构体系有钢框架结构体系、钢框架—支撑结构体系、钢框架—抗震墙板结构体系以及筒体结构体系等。

（1）钢框架结构体系。

钢框架结构构造简单，传力明确，制作安装方便，建筑平面及窗的开设等有较大的灵活性。钢框架体系是沿房屋纵横方向由多榀平面框架构成的，结构延性好，但是当层数较多时，则其抗侧移能力较差。而要提高抗侧移刚度，只有加大柱和梁的截面，但结构却会变得不经济。因此，这种结构体系适合于建造 20 层以下的中低层房屋（图 6-9）。

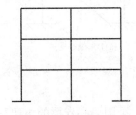

图 6-9　钢框架结构

（2）钢框架—支撑结构体系。

钢框架—支撑结构体系是在框架结构体系中沿结构的纵横两个方向均匀布置一定数量的支撑所形成的结构体系。与钢框架结构体系相比，它可大大提高结构的抗侧移刚度，可更有效地利用构件的强度，提高结构的抗震能力，适用于建造更高的结构。

支撑的布置由建筑要求及结构功能确定，一般布置在端框架中、电梯井周围等处。支撑的类型可分为中心支撑和偏心支撑两大类。支撑类型的选择与是否抗震有关，也与建筑物使用要求、层高、柱距等有关，因此应根据具体的设计条件选择合理的支撑类型。

①中心支撑。

中心支撑是指斜杆与横梁及柱汇交于一点，或两根斜杆与横梁汇交于一点，也可与柱子汇交于一点，但汇交时均无偏心距。根据斜杆布置形式的不同，中心支撑可分为交叉支撑、单斜杆支撑、人字形支撑、K 形支撑等类型，如图 6-10 所示。

在往复地震作用下，支撑斜杆率先进入屈服，吸收部分地震能，可以保护主体结构或延缓其破坏，这种结构具有多道抗震防线。此类支撑构造简单，在实际工程中应用较多。但是，由于支撑构件刚度大，容易发生整体或局部失稳，导致结构总体刚度和强度下降较快，不利于结构抗震能力的发挥，因此必须注意其构造设计。

②偏心支撑。

偏心支撑是指支撑斜杆的两端，至少有一端与梁相交（不在柱节点处），另一端可在梁与柱交点处连接，或偏离另一根支撑斜杆一段长度与梁连接，并在支撑斜杆杆端与柱子之间构成一消能梁段，或在两根支撑斜杆之间构成一消能梁的支撑，如图 6-11 所示。

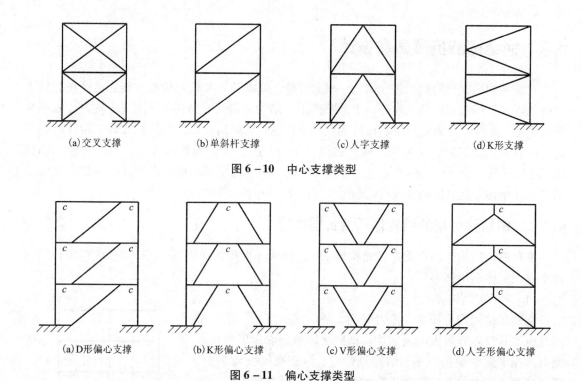

（a）交叉支撑　　　（b）单斜杆支撑　　　（c）人字支撑　　　（d）K形支撑

图6-10　中心支撑类型

（a）D形偏心支撑　　　（b）K形偏心支撑　　　（c）V形偏心支撑　　　（d）人字形偏心支撑

图6-11　偏心支撑类型

采用偏心支撑的主要目的是改变支撑斜杆与梁的先后屈服顺序，在罕遇地震时，消能梁段在支撑失稳之前率先屈服，消耗大量的地震能量以保护支撑斜杆及主体结构，形成了新的抗震防线，提高了结构的抗震性能，特别是结构的延性大大加强。这个结构体系适合于高地震烈度地区的高层建筑。

（3）钢框架—抗震墙板结构体系。

钢框架—抗震墙板结构有以下三种形式。

①带竖缝的钢筋混凝土剪力墙板。

带竖缝的钢筋混凝土剪力墙板是预制板，仅承担水平荷载产生的水平剪力，如图6-12所示。墙板的竖缝宽度为100 mm，缝的竖向长度约为墙板净高的一半，竖缝的水平间距约为墙板净高的1/4。在强震作用下，带缝剪力墙板可率先进入屈服并耗能，具有多道抗震防线，特点是刚度退化过程平缓，整体延性好。

②内藏钢板的钢筋混凝土剪力墙板。

内藏钢板的钢筋混凝土剪力墙板

图6-12　带竖缝的钢筋混凝土剪力墙板

是以钢板为基本支撑，外包钢筋混凝土墙板的预制构件，如图6-13所示。内藏钢板支撑可做成中心支撑也可做成偏心支撑。预制墙板仅在钢板支撑斜杆的上下端节点处与钢框架梁相连，除该节点部位外与钢框架的梁或柱均不连接，并留有缝隙（北京京城大厦预留缝隙 25 mm），墙板仅承受水平剪力，不承担竖向荷载。罕遇地震时混凝土开裂，侧向刚度减小，可消耗地震能，同时钢板支撑可提供必要的承载力和侧向刚度。

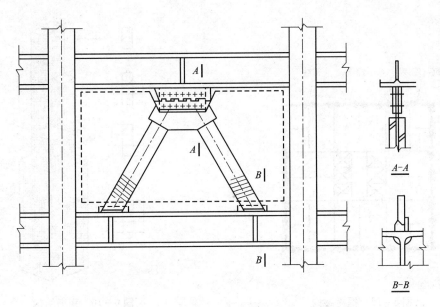

图 6 – 13　内藏钢板的钢筋混凝土剪力墙板

③钢板剪力墙墙板。

钢板剪力墙墙板一般采用厚钢板或带有加劲肋的钢板制作而成。如图 6 – 14 所示，其上下两边缘和左右两边缘可分别与框架梁和框架柱连接。

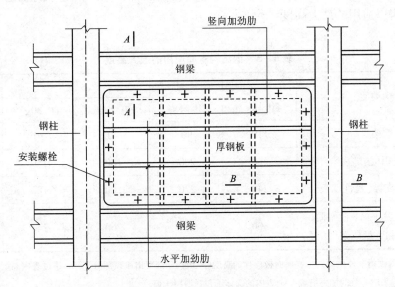

图 6 – 14　钢板剪力墙墙板

（4）筒体结构体系。

筒体结构体系因其具有较大的刚度和较强的抗侧移能力，能形成较大的使用空间，对于超高层的建筑而言，是一种经济有效的结构形式。根据筒体的布置、组成、数量的不同，筒体结构体系可分为框筒、束筒、桁架筒、筒中筒、带加强层的筒体等（图 6 – 15、图 6 – 16）。

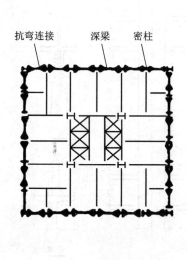

图 6 – 15　框筒结构

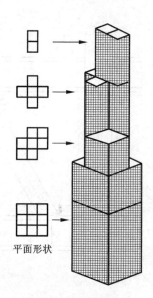

图 6 – 16　束筒结构

6.2.2　钢结构房屋抗震设计的一般规定

（1）钢结构房屋结构类型与最大适用高度。

结构类型的选择关系到结构的安全性、适用性和经济性，表 6 – 3 为《规范》规定的多层钢结构民用房屋适用的最大高度。

表 6 – 3　钢结构房屋适用的最大高度

结构类型	6 度、7 度 (0.10g)	7 度 (0.15g)	8 度		9 度 (0.40g)
			(0.20g)	(0.30g)	
框架	110	90	90	70	50
框架—中心支撑	220	200	180	150	120
框架—偏心支撑（延性墙板）	240	220	200	180	160
筒体（框筒，筒中筒，桁架筒，束筒）和巨型框架	300	280	260	240	180

注：1. 房屋高度指室外地面到主要屋面板板顶的高度（不包括局部突出屋顶部分）；2. 超过表内高度的房屋，应进行专门研究和论证，采取有效的加强措施；3. 表内的筒体不包括混凝土筒。

（2）钢结构房屋适用的最大高宽比。

结构的高宽比对结构的整体稳定性和人在建筑中的舒适感等有重要影响，钢结构房屋的最大高宽比不宜大于表6-4中的规定，超过规定时应进行专门研究，采用必要措施。

表6-4 钢结构民用房屋适用的最大高宽比

烈度	6度、7度	8度	9度
最大高宽比	6.5	6.0	5.5

注：塔形建筑的底部有大底盘时，高宽比可按大底盘以上计算。

（3）结构平、立面布置及防震缝的设置。

多、高层钢结构的平面布置宜简单规则，建筑的开间进深宜统一，建筑的立面和竖向剖面宜规则，结构的侧向刚度沿竖向宜均匀变化，竖向抗侧力构件的截面尺寸和材料强度宜自下而上逐渐减小，避免侧向刚度和承载力的突变。

当建筑形体及其构件布置不规则时，一般不宜设防震缝，应按要求进行地震作用的计算和内力调整，并应对薄弱部位采取有效的抗震构造措施。当结构体型复杂、平立面特别不规则，必须设防震缝时，可按实际需要在适当部位设置，形成多个规则的抗侧力结构单元，防震缝缝宽不小于相应钢筋混凝土结构房屋的1.5倍。

（4）支撑、加强层的设置要求。

在框架—支撑体系中，可使用中心支撑或偏心支撑，以减小结构可能出现的扭转。支撑框架在两个方向上的布置宜基本对称，支撑框架之间楼盖的长宽比不宜大于3，以防止楼盖平面内变形对支撑抗侧刚度的准确估计有所影响。另外，还可以使用支撑构件改进结构刚度中心与质量中心偏差较大的情形，如图6-17所示。

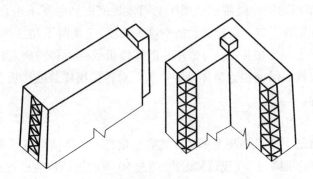

图6-17 用支撑调整结构抗侧刚度分布

中心支撑构造简单、设计施工方便，但在大震作用下，支撑宜受压失稳，造成刚度和耗能能力急剧下降。偏心支撑在小震作用下具有与中心支撑相当的抗侧刚度，在大震作用下具有与钢框架相当的延性和耗能能力，但构造相对复杂。所以对不超过12层的钢结构，可采用中心支撑框架；超过12层的钢结构，宜采用偏心支撑框架，但在顶层可采用中心支撑。

设置加强层可提高结构总体抗侧刚度，减小侧移，增强周边框架对抵抗地震抗倾覆力矩的能力，改善筒体、剪力墙的受力。加强层可以使用筒体外伸臂或由加强桁架组成，根据需要沿结构的高度多处设置，工程上可结合防灾避难层设置。

（5）钢结构房屋中的楼盖。

在选择钢结构楼盖形式时，须考虑下面几个因素：①楼盖平面的整体刚度；②建筑对楼面空间和室内净空的要求；③结构施工安装的技术要求；④建筑防火、隔音、设备管线等方面的要求。

目前，楼板的主要做法有压型钢板现浇钢筋混凝土组合楼板（图6-18）、装配整体式钢筋混凝土楼板、装配式预制钢筋混凝土楼板、普通现浇钢筋混凝土楼板及其他楼板。从受力角度来看，压型钢板现浇钢筋混凝土组合楼板和普通现浇钢筋混凝土楼板的平面整体刚度较好；从施工速度来看，压型钢板现浇钢筋混凝土组合楼板、装配整体式钢筋混凝土楼板和装配式预制钢筋混凝土楼板施工较快；从造价来看，压型钢板现浇钢筋混凝土组合楼板相对较高。

图6-18　压型钢板现浇钢筋混凝土组合楼板

《规范》规定钢结构房屋的楼盖宜采用压型钢板现浇钢筋混凝土组合楼板或钢筋混凝土楼板，并与钢梁有可靠的连接。对抗震设防烈度为6度、7度时不超过50 m的钢结构，尚可采用装配整体式钢筋混凝土楼板，也可采用装配式楼板或其他轻型楼盖，但应将楼板预埋件与钢梁焊接，或采取其他保证楼盖整体性的措施。对转换层楼盖或楼板有大洞口等情况，必要时可设置水平支撑。

（6）钢结构房屋的地下室。

钢结构建筑设置地下室可提高上部结构抗震稳定性、提高结构抗倾覆能力、增加结构下部整体性、减小结构的沉降量。《规范》规定，超过50 m的钢结构应设置地下室，其基础埋置深度，当采用天然地基时不宜小于房屋总高度的1/15，当采用桩基础时，桩承台埋深不宜小于房屋总高度的1/20。

为保证层间刚度变化均匀，框架支撑结构中竖向连续布置的支撑应延伸至基础；钢框架柱应至少延伸至地下一层。日本在高层钢结构的地下室设钢筋混凝土结构层，目的是使内力传递平稳，保证柱脚的嵌固性，增加建筑底部刚度、整体性和抗倾覆稳定性，而美国无此要求，我国《规范》对此不作规定。

6.3　多层和高层钢结构抗震设计计算

多、高层钢结构房屋抗震设计计算包括以下步骤：钢结构房屋地震作用的计算，钢结构构件内力的计算，内力组合，截面抗震验算，抗震变形验算以及满足结构稳定性要求，等等。

6.3.1　地震作用和地震作用下内力的计算

多、高层钢结构房屋的计算模型，当结构布置规则，质量及刚度沿高度分布均匀且不计扭转效应时，可采用平面结构计算模型；当结构平面或立面不规则、体型复杂、无法划分成平面抗侧力单元的结构，或为筒体结构时，应采用空间结构计算模型。

（1）多遇地震作用和多遇地震作用下的内力计算。

结构在第一阶段多遇地震作用下的抗震设计中，其地震作用效应应采用弹性方法计算。可根据不同情况，采用底部剪力法、振型分解反应谱法以及时程分析法等。

实测研究表明，钢结构房屋的阻尼比小于混凝土结构的房屋，当高度不大于 50 m 时可取 0.04；当高度大于 50 m 且小于 200 m 时，可取 0.03；当高度不小于 200 m 时，宜取 0.02。

钢结构在进行内力和位移计算时，对于框架、框架—支撑、框架—剪力墙板及框筒等结构常采用矩阵位移法；对于筒体结构，采用有限元法计算。在预估截面时，内力和位移的分析可采用近似方法计算。

（2）罕遇地震作用和罕遇地震作用下的内力计算。

高层钢结构第二阶段的抗震验算应采用时程分析法对结构进行弹塑性分析。分析时阻尼比可取 0.05，并考虑二阶效应对侧移的影响。

6.3.2　构件内力调整

为了体现钢结构抗震设计中多道设防、强柱弱梁原则以及保证结构在大震作用下按照理想的屈服形式屈服，可通过调整结构中不同部分的地震效应或不同构件的内力设计值实现。《规范》规定钢结构在地震作用下的内力和变形分析，应符合下列要求：

（1）当钢结构在地震作用下的重力附加弯矩大于初始弯矩的 10% 时，应计入重力二阶效应。进行二阶效应的弹性分析时，应按现行国家标准《钢结构设计规范》的有关规定，在每层柱顶附加假想水平力。

（2）框架梁可按梁端截面的内力设计。对工字形截面柱，宜计入梁柱节点域剪切变形对结构侧移的影响；对箱形柱框架、中心支撑框架和不超过 50 m 的钢结构，其层间位移计算可不计入梁柱节点域剪切变形的影响，近似按框架轴线进行分析。

（3）钢框架—支撑结构的斜杆可在端部按铰接杆计算；其框架部分按刚度分配计算得到的地震层剪力应乘以调整系数，达到不小于结构底部总地震剪力的 25% 和框架部分计算最大层剪力 1.8 倍二者的较小值。

（4）中心支撑框架的斜杆轴线偏离梁柱轴线交点不超过支撑杆件的宽度时，仍可按中心支撑框架分析，但应计入由此产生的附加弯矩。

（5）偏心支撑框架中，与消能梁段相连构件的内力设计值，应按下列要求调整：

①支撑斜杆的轴力设计值，应取与支撑斜杆相连接的消能梁段达到受剪承载力时支撑斜杆轴力与增大系数的乘积；其增大系数，一级不应小于1.4，二级不应小于1.3，三级不应小于1.2。

②位于消能梁段同一跨的框架梁内力设计值，应取消能梁段达到受剪承载力时框架梁内力与增大系数的乘积；其增大系数，一级不应小于1.3，二级不应小于1.2，三级不应小于1.1。

③框架柱的内力设计值，应取消能梁段达到受剪承载力时柱内力与增大系数的乘积；其增大系数，一级不应小于1.3，二级不应小于1.2，三级不应小于1.1。

(6)内藏钢支撑钢筋混凝土墙板和带竖缝钢筋棍凝土墙板应按有关规定计算，带竖缝钢筋混凝土墙板可仅承受水平荷载产生的剪力，不承受竖向荷载产生的压力。

(7)钢结构转换构件下的钢框架柱，地震内力应乘以增大系数，其值可采用1.5。

6.3.3　内力组合

在抗震设计中，一般多、高层钢结构可不考虑风荷载和竖向地震作用，但对于高度大于60 m的高层钢结构必须考虑风荷载的作用，在烈度为9度区尚应考虑竖向地震作用。

6.3.4　变形验算

在多遇地震作用下，过大的层间变形会造成非结构构件的破坏，在罕遇地震作用下，过大的变形会造成结构的破坏或倒塌，所以必须限制结构的变形量，不能超过《规范》规定的限值。

在多遇地震作用下，钢结构的层间变形不应超过层高的1/250；在罕遇地震作用下，钢结构的层间变形不应超过层高的1/50。

6.3.5　抗震承载力和稳定性验算

钢框架的承载能力和稳定性与梁柱构件、支撑构件、连接件、梁柱节点域都有直接关系。结构设计要体现强柱弱梁的原则，保证节点的可靠性，实现合理的耗能机制，为此，需进行构件、节点承载力和稳定性验算，验算的主要内容有以下几点。

(1)框架柱抗震验算。

框架柱截面抗震验算包括强度验算以及平面内和平面外的整体稳定性验算，分别按式(6-1)~式(6-3)进行验算。

$$\frac{N}{A_n} + \frac{M_x}{\gamma_x W_{nx}} + \frac{M_y}{\gamma_y W_{ny}} \leqslant \frac{f}{\gamma_{RE}} \tag{6-1}$$

$$\frac{N}{\varphi_x A} + \frac{\beta_{mx} M_x}{\gamma_x W_{1x}(1 - 0.8N/N_{Ex})} \leqslant \frac{f}{\gamma_{RE}} \tag{6-2}$$

$$\frac{N}{\varphi_y A} + \frac{\beta_{tx} M_x}{\varphi_b W_{1x}} \leqslant \frac{f}{\gamma_{RE}} \tag{6-3}$$

式中：N、M_x、M_y——分别为构件的轴向力和绕 x 轴、y 轴的弯矩设计值；

A_n、A——分别为构件的净截面、毛截面面积；

γ_x、γ_y——构件截面塑性发展系数；

W_{nx}、W_{ny}——分别对 x 轴、y 轴的净截面抵抗矩;

φ_x、φ_y——分别为弯矩作用平面内、平面外的轴心受压构件稳定系数;

W_{1x}——弯矩作用平面内较大受压纤维的毛截面抵抗矩;

β_{mx}、β_{tx}——分别为平面内、平面外的等效弯矩系数;

N_{Ex}——构件的欧拉临界力;

φ_b——均匀弯曲的受弯构件整体稳定系数;

f——钢材抗拉强度设计值;

γ_{RE}——框架柱承载力抗震调整系数,取 0.75。

(2)框架梁抗震验算。

框架梁抗震验算包括抗弯强度验算、抗剪强度验算以及整体稳定验算,分别按式(6-4)~式(6-7)验算。

$$\frac{M_x}{\gamma_x W_{nx}} \leqslant \frac{f}{\gamma_{RE}} \tag{6-4}$$

$$\tau = \frac{VS}{It_w} \leqslant \frac{f_v}{\gamma_{RE}} \tag{6-5}$$

$$\tau = \frac{V}{A_{wn}} \leqslant \frac{f_v}{\gamma_{RE}} \tag{6-6}$$

$$\frac{M_x}{\varphi_b W_x} \leqslant \frac{f}{\gamma_{RE}} \tag{6-7}$$

式中:M_x——梁对 x 轴的弯矩设计值;

W_{nx}——梁对 x 轴的净截面抵抗矩;

V——计算截面沿腹板平面作用的剪力设计值;

S——计算点处得截面面积矩;

I——截面的毛截面惯性矩;

t_w——腹板厚度;

f_v——钢材抗剪强度设计值;

A_{wn}——梁端腹板的净截面面积;

W_x——梁对 x 轴的毛截面抵抗矩;

φ_b——均匀弯曲的受弯构件整体稳定系数。

当梁上设置刚性铺板时,整体稳定验算可以省略。

(3)节点承载力与稳定性验算。

节点是保证框架结构安全工作的前提。在梁柱节点处要按照强柱弱梁的原则验算节点承载力,同时要合理设计节点域,使其具备一定的耗能能力,又不会引起过大的侧移。节点板厚度或柱腹板在节点域范围内厚度取值对此有较大影响。在罕遇地震时框架屈服的顺序是节点域首先屈服,然后是梁出现塑性铰。

①节点处抗震承载力验算。

节点左右梁端和上下柱端的全塑性承载力应符合式(6-8)的要求,以保证强柱设计:

$$\sum W_{pc}(f_{yc} - N/A_c) \geqslant \eta \sum W_{pb} f_{yb} \tag{6-8}$$

式中：W_{pc}、W_{pb}——柱、梁的塑性截面模量；

$\quad\quad N$——柱轴向压力设计值；

$\quad\quad A_c$——柱截面面积；

$\quad\quad f_{yc}$、f_{yb}——柱、梁的钢材屈服强度；

$\quad\quad \eta$——强柱系数，超过 6 层的钢框架，6 度 Ⅳ 类场地和 7 度时可取 1.0，8 度时可取 1.05，9 度时可取 1.15。

②节点域屈服承载力验算。

节点域的屈服承载力应符合式(6-9)要求，以选择合理的厚度：

$$\psi(M_{pb1} + M_{pb2})/V_p \leqslant \left(\frac{4f_v}{3}\right) \tag{6-9}$$

式中：M_{pb1}、M_{pb2}——分别为节点域两侧梁的全塑性受弯承载力；

$\quad\quad V_p$——节点域体积；

$\quad\quad f_v$——钢材的抗剪强度设计值；

$\quad\quad \psi$——折剪系数，6 度 Ⅳ 类场地和 7 度时可取 0.6，8 度、9 度时可取 0.7。

③节点域稳定性验算。

工字形截面柱和箱形截面柱的节点域应按式(6-10)、式(6-11)验算：

$$t_w \geqslant (h_b + h_c)/90 \tag{6-10}$$

$$(M_{b1} + M_{b2})/V_p \leqslant \frac{4f_v}{3\gamma_{RE}} \tag{6-11}$$

式中：t_w——柱在节点域的腹板厚度；

$\quad\quad h_b$、h_c——分别为梁腹板高度、柱腹板高度；

$\quad\quad M_{b1}$、M_{b2}——分别为节点域两侧梁的弯矩设计值；

$\quad\quad V_p$——节点域的体积；

$\quad\quad f_v$——钢材抗剪强度设计值；

$\quad\quad \gamma_{RE}$——节点域承载力抗震调整系数，取 0.85。

(4)中心支撑构件承载力验算。

中心支撑框架的支撑斜杆在地震作用下将受反复的轴力作用，支撑即可受拉，也可能受压，因此应考虑反复拉压加载下承载能力的降低，按下列公式验算：

$$\frac{N}{\varphi A_{br}} \leqslant \frac{\psi_c f}{\gamma_{RE}} \tag{6-12}$$

$$\psi = \frac{1}{1 + 0.35\lambda_n} \tag{6-13}$$

$$\lambda_n = \frac{\lambda}{\pi}\sqrt{\frac{f_{ay}}{E}} \tag{6-14}$$

式中：N——支撑斜杆的轴向力设计值；

$\quad\quad A_{br}$——支撑斜杆的截面面积；

$\quad\quad \varphi$——轴心受压构件的稳定系数；

$\quad\quad \psi$——受循环荷载时的强度降低系数；

λ、λ_n——支撑斜杆的长细比、正则化长细比；

E——支撑斜杆材料的弹性模量；

f、f_{ay}——支撑斜杆钢材强度设计值、屈服强度；

γ_{RE}——支撑承载力抗震调整系数。

（5）偏心支撑框架构件抗震承载力验算。

偏心支撑消能梁段的受剪承载力应符合下式要求：

当 $N \leqslant 0.15Af$ 时

$$V \leqslant \varphi V_l / \gamma_{RE} \tag{6-15}$$

$V_l = 0.58 A_w f_{ay}$ 或 $V_l = 2M_{lp}/a$，取较小值，其中

$$A_w = (h - 2t_f) t_w \tag{6-16}$$

$$M_{lp} = W_p f \tag{6-17}$$

当 $N > 0.15Af$ 时

$$V \leqslant \varphi V_{lc} / \gamma_{RE} \tag{6-18}$$

$$V_{lc} = 0.58 A_w f_{ay} \sqrt{1 - [N/(Af)^2]} \tag{6-19}$$

或

$$V_{lc} = 2.4 M_{lp} [1 - N/(Af)]/a \tag{6-20}$$

式中：φ——系数，可取 0.9；

V、N——分别为消能梁段的剪力设计值、轴力设计值；

V_l、V_{lc}——分别为消能梁段的受剪承载力、计入轴力影响的受剪承载力，V_{lc} 取式

（6-19）、式（6-20）计算所得的较小值；

M_{lp}——消能梁段的全塑性受弯承载力；

a、h、t_w、t_f——分别为消能梁段长度、截面高度、腹板厚度、翼缘厚度；

A、A_w——分别为消能梁段的截面面积、腹板截面面积；

W_p——消能梁段的塑性截面模量；

f、f_{ay}——分别为消能梁段钢材的抗拉强度设计值、屈服强度；

γ_{RE}——消能梁段承载力抗震调整系数，取 0.85。

（6）构件与其连接的极限承载力验算。

构件及连接的设计，应遵循强节点弱构件的原则，并进行极限承载力验算。

①在进行梁与柱连接的弹性设计时，梁与柱连接的极限受弯、受剪承载力应符合下列公式要求：

$$M_u \geqslant 1.2 M_p \tag{6-21}$$

$$V_u \geqslant 1.3(2M_p/l_n) \tag{6-22}$$

且

$$V_u \geqslant 0.58 h_w t_w f_{ay} \tag{6-23}$$

式中：M_u——梁上下翼缘全熔透坡口焊缝的极限受弯承载力；

V_u——梁腹板连接的极限受剪承载力，当垂直于角焊缝受剪时，可提高 1.22 倍；

M_p——梁（梁贯通时为柱）的全塑性受弯承载力；

l_n——梁的净跨（梁贯通时取该楼层柱的净高）；

h_w、t_w——梁腹板的高度、厚度；

f_{ay}——钢材屈服强度。

②支撑连接要求。

支撑与框架的连接及支撑拼接的极限承载力,应符合下式要求:

$$N_{ubr} \geqslant 1.2A_n f_{ay} \qquad (6-24)$$

式中:N_{ubr}——螺栓连接和节点板连接在支撑轴线方向的极限承载力;

A_n——支撑截面的净面积;

f_{ay}——支撑钢材的屈服强度。

③在进行梁、柱构件拼接的弹性设计时,受剪承载力不应小于构件截面受剪承载力的50%,拼接的极限承载力应符合下列要求:

$$V_u \geqslant 0.58h_w t_w f_{ay} \qquad (6-25)$$

无轴力时

$$M_u \geqslant 1.2M_p \qquad (6-26)$$

有轴力时

$$M_u \geqslant 1.2M_{pc} \qquad (6-27)$$

式中:M_u、V_u——分别为构件拼接的极限受弯、受剪承载力;

h_w、t_w——拼接构件截面腹板的高度、厚度;

f_{ay}——被拼接构件的钢材屈服强度;

M_p——无轴力时构件全截面受弯承载力;

M_{pc}——有轴力时构件全截面受弯承载力。

④连接极限承载力的计算。

焊缝连接的极限承载力可按下列公式计算:

对接焊缝受拉

$$N_u = A_f^w f_u \qquad (6-28)$$

角焊缝受剪

$$V_u = 0.58A_f^w f_u \qquad (6-29)$$

式中:A_f^w——焊缝的有效受力面积;

f_u——构件母材的抗拉强度最小值。

高强度螺栓连接的极限受剪承载力,应取下列二式计算结果的较小者:

$$N_{vu}^b = 0.58n_f A_e^b f_u^b \qquad (6-30)$$

$$N_{cu}^b = d \sum t f_{cu}^b \qquad (6-31)$$

式中:N_{vu}^b、N_{cu}^b——分别为一个高强度螺栓的极限受剪承载力、其对应的板件极限承压力;

n_f——螺栓连接的剪切面数量;

A_e^b——螺栓螺纹处的有效截面面积;

f_u^b——螺栓钢材的抗拉强度最小值;

d——螺栓杆直径;

$\sum t$——同一受力方向的钢板厚度之和;

f_{cu}^b——螺栓连接板的极限承压强度,取$1.5f_u$。

6.4 多层和高层钢结构房屋的抗震构造措施

6.4.1 钢框架结构的抗震构造措施

1. 框架柱的长细比限值

长细比和轴压比均较大的框架柱,延性小,钢结构容易发生整体失稳。为保证结构的整体稳定性,我国现行规范目前对框架柱的轴压比没有提出要求,一般按重力荷载代表值作用下框架柱的地震组合轴力设计值来计算的轴压比,其值不大于 0.7。

对于框架柱的长细比,应符合下列规定:

一级不应大于 $60\sqrt{235/f_y}$,二级不应大于 $80\sqrt{235/f_y}$,三级不应大于 $100\sqrt{235/f_y}$,四级不应大于 $120\sqrt{235/f_y}$。

2. 框架梁、柱板件的宽厚比限值

构件的宽厚比限值是构件局部稳定性的保证,考虑到"强柱弱梁"的设计思想,即要求塑性铰出现在框架梁上,框架柱一般不出现塑性铰,因此梁的板件宽厚比限值要求满足塑性设计的要求,框架梁板件的宽厚比要求比框架柱板件的宽厚比要严格。框架梁、柱板件的宽厚比限值应符合表 6-5 的规定。

表 6-5 框架梁、柱板件宽厚比限值

板件名称		一级	二级	三级	四级
柱	工字形截面翼缘外伸部分	10	11	12	13
	工字形截面腹板	43	45	48	52
	箱形截面壁板	33	36	38	40
梁	工字形截面和箱形截面翼缘外伸部分	9	9	10	11
	箱形截面翼缘在两腹板之间部分	30	30	32	36
	工字形截面和箱形截面腹板	$70\sim120$ $N_b/(Af)\leqslant60$	$72\sim100$ $N_b/(Af)\leqslant65$	$80\sim110$ $N_b/(Af)\leqslant70$	$80\sim120$ $N_b/(Af)\leqslant75$

注:1. 表列数值适用于 Q235,当材料为其他牌号钢材时,应乘以 $\sqrt{235/f_y}$。2. 表中 N_b 为梁的轴向力,A 为梁的截面积,f 为梁的钢材抗拉强度设计值,$N_b/(Af)$ 为梁轴压比。

3. 框架梁、柱构件的侧向支撑

梁柱构件受压翼缘应根据需要设置侧向支承;梁柱构件在出现塑性铰的截面处,其上下翼缘均应设置侧向支承。相邻两侧向支承点间的构件长细比,应符合现行国家标准《钢结构设计规范》的有关规定。其中,验算钢梁受压区长细比是否满足 $\lambda_y\leqslant60\sqrt{235/f_y}$,若不满足可

按如图 6 - 19 所示的方法设置侧向约束。

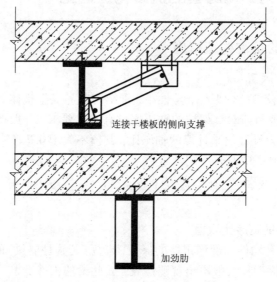

连接于楼板的侧向支撑

加劲肋

图 6 - 19　钢梁受压翼缘侧向约束

4. 框架梁、柱连接的构造要求

以往的震害表明，梁柱节点的破坏大多是由于构造上的原因造成的，梁柱连接的构造应符合以下要求：

(1)梁与柱的连接宜采用柱贯通型。

(2)柱在两个互相垂直的方向都与梁刚接时，宜采用箱形截面。当仅在一个方向刚接时，宜采用工字形截面，并将柱腹板置于刚接框架平面内。

(3)工字形柱(绕强轴)和箱形柱与梁刚接时如图 6 - 20 所示。

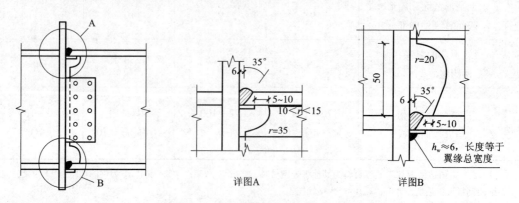

详图A　　　　　详图B

图 6 - 20　框架梁与柱的现场连接

(4)框架梁采用悬臂梁段与柱刚性连接时，悬臂梁段与柱应采用全焊接连接，此时上下翼缘焊接孔的形式宜相同；梁的现场拼接可采用翼缘焊接腹板螺栓连接[图 6 - 21(a)]，或全部螺栓连接[图 6 - 21(b)]。

148

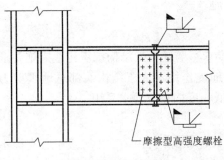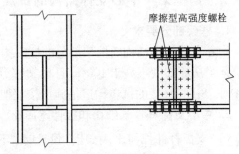

(a) 翼缘焊接胶板螺栓连接　　　　　　　　(b) 全部螺栓连接

图 6 – 21　框架柱与梁悬臂段的连接

（5）梁与柱刚性连接时，柱在梁翼缘上下各 500 mm 的范围内，柱翼缘与柱腹板间或箱形柱壁板间的连接焊缝应采用全熔透坡口焊缝。

（6）钢结构的刚性柱脚宜采用外包式（图 6 – 22），也可采用埋入式（图 6 – 23）；6 度、7 度且高度不超过 50 m 时也可采用外露式。

图 6 – 22　外包式刚性柱脚

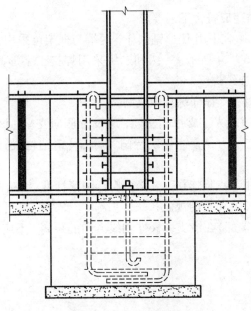

图 6 – 23　埋入式柱脚

6.4.2 钢框架—中心支撑结构的抗震构造措施

1. 框架部分要求

中心支撑框架结构的框架部分的抗震构造措施要求可与纯框架结构抗震构造措施要求一致。但当房屋高度不高于100 m且框架部分承担的地震作用不大于结构底部总地震剪力的25％时，8度、9度的抗震构造措施可按框架结构降低一度的相应要求采用。

2. 中心支撑杆件长细比和板件宽厚比

（1）支撑杆件长细比，按压杆设计时，不应大于 $120\sqrt{235/f_{ay}}$；一、二、三级中心支撑不得采用拉杆设计，四级采用拉杆设计时，其长细比不应大于180。

（2）支撑杆件的板件宽厚比，不应大于表6-6规定的限值。采用节点板连接时，应注意节点板的强度和稳定。

表6-6 钢结构中心支撑板件宽厚比限值

板件名称	抗震等级			
	一级	二级	三级	四级
翼缘外伸部分	8	9	10	13
工字形截面腹板	25	26	27	33
箱形截面壁板	18	20	25	30
圆管外径与壁厚比	38	40	40	42

注：表列数值适用于 Q235 钢，采用其他牌号钢材应乘以 $\sqrt{235/f_{ay}}$，圆管应乘以 $235/f_{ay}$。

3. 中心支撑节点的构造应符合下列要求

（1）一、二、三级，支撑宜采用 H 形钢制作，两端与框架可采用刚接构造，梁柱与支撑连接处应设置加劲肋，如图6-24所示；一级和二级采用焊接工字形截面的支撑时，其翼缘与腹板的连接宜采用全熔透连续焊缝。

（2）支撑与框架连接处，支撑杆端宜做成圆弧。

（3）梁在其与 V 形支撑或人字支撑相交处，应设置侧向支承；该支承点与梁端支承点间的侧向长细比（λ_y）以及支承力，应符合现行国家标准《钢结构设计规范》关于塑性设计的规定。

（4）若支撑和框架采用节点板连接，应符合现行国家标准《钢结构设计规范》关于节点板在连接杆件每侧有不小于30°夹角的规定；一、二级时，支撑端部至节点板最近嵌固点（节点板与框架构件连接焊缝的端部）在沿支撑杆件轴线方向的距离，不应小于节点板厚度的2倍，如图6-25所示。

150

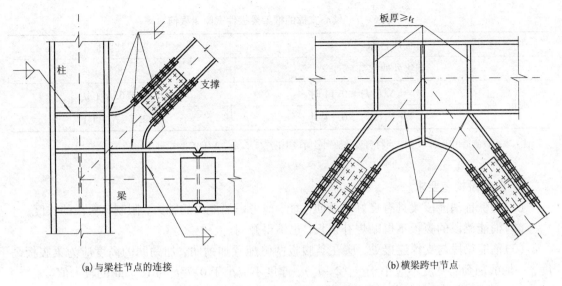

(a) 与梁柱节点的连接　　　　　　　　　　(b) 横梁跨中节点

图 6-24　H 型钢支撑连接节点示例

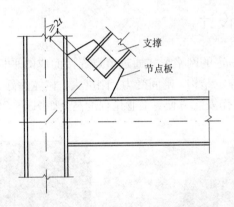

图 6-25　支撑端部节点板构造示意图

6.4.3　钢框架—偏心支撑结构的抗震构造措施

1. 框架部分的构造措施

偏心支撑框架结构的框架部分的抗震构造措施要求可与纯框架结构抗震构造要求一致。但当房屋高度不高于 100 m 且框架部分承担的地震作用不大于结构底部总地震剪力的 25% 时，8 度、9 度的抗震构造措施可按框架结构降低一度的相应要求采用。

2. 偏心支撑杆件的构造措施

偏心支撑框架的支撑杆件长细比不应大于 $120\sqrt{235/f_{ay}}$，支撑杆件的板件宽厚比不应超过现行国家标准《钢结构设计规范》规定的轴心受压构件在弹性设计时的宽度比限值。

3. 保证消能梁段延性及局部稳定

为使消能段有良好的延性和消能能力，偏心支撑框架消能段的钢材屈服强度不应大于 345 MPa。消能梁段及与消能梁同一跨内的非消能梁段，其板件宽厚比不应大于表 6-7 的规定。

151

表 6 - 7 偏心支撑的框架梁板件宽厚比限值

板件名称		宽厚比限值
翼缘外伸部分		8
腹板	当 $N/(Af) \leqslant 0.14$ 时	$90[1 - 1.65N/(Af)]$
	当 $N/(Af) > 0.14$ 时	$33[2.3 - N/(Af)]$

注：表列数值适用于 Q235 钢，当材料为其他钢号时应乘以 $\sqrt{235/f_{ay}}$，$N/(Af)$ 为梁轴压比。

4. 消能段构造要求

（1）为保证消能段梁具有良好的滞回性能，应考虑消能段的轴力，限制该梁段的长度。

（2）消能梁段的腹板不得贴焊补强板，也不得开洞。

（3）消能梁段与支撑连接处，应在其腹板两侧配置加劲肋，加劲肋的高度应为梁腹板高度，一侧的加劲肋宽度不应小于 $(b_f/2 - t_w)$，厚度不应小于 $0.75t_w$ 和 10 mm 的较大值。

（4）消能梁段应按《规范》要求在其腹板上设置中间加劲肋。

6.5 网架结构抗震设计

网架是由多根杆件按一定的网格形式通过节点连接而成的平板型或微曲面型空间杆系结构。网架结构属于高次超静定结构，空间受力，刚度大，整体性好，抗倒塌能力强，形状适应性强，支撑布置灵活，且制作安装方便，工业化程度高，如图 6 - 26、图 6 - 27 所示。

图 6 - 26 某加油站网架结构

图 6 - 27 首都机场四机位机库

6.5.1 抗震设计一般规定

1. 网架结构的基本类型

网架结构一般由三种基本单元组成：平面桁架、四角锥体、等腰三角锥体，这些基本单元构成不同的网格，从而组成以下几种常用的网架结构形式。

（1）由交叉桁架组成：两向正交正放网架、两向正交斜放网架、两向斜交斜放网架、三向网架、单向折线形网架等，如图 6 - 28 所示。

（2）由四角锥组成：正放四角锥网架、正放抽空四角锥网架、棋盘形四角锥网架、斜放四角锥网架、星形四角锥网架等，如图 6 – 29 所示。

（3）由三角锥组成：三角锥网架、抽空三角锥网架、蜂窝形三角锥网架等，如图 6 – 30 所示。

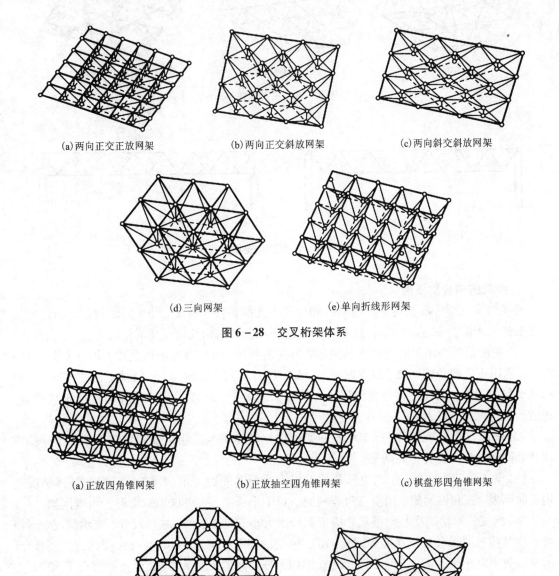

(a)两向正交正放网架　　　(b)两向正交斜放网架　　　(c)两向斜交斜放网架

(d)三向网架　　　　　(e)单向折线形网架

图 6 – 28　交叉桁架体系

(a)正放四角锥网架　　　(b)正放抽空四角锥网架　　　(c)棋盘形四角锥网架

(d)斜放四角锥网架　　　(e)星形四角锥网架

图 6 – 29　四角锥体系

2. 网架结构的支撑

网架可采用上弦或下弦支撑方式。当采用下弦支撑时，应在支撑边形成竖直或倾斜的边桁架，如图 6 – 31 所示。

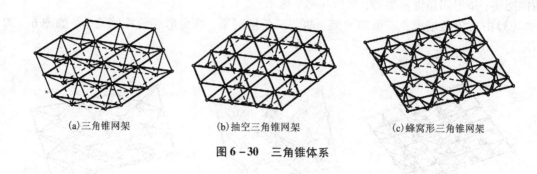

(a)三角锥网架   (b)抽空三角锥网架   (c)蜂窝形三角锥网架

图 6 – 30 三角锥体系

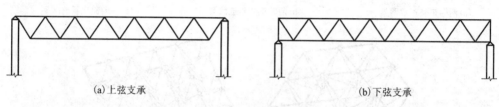

(a)上弦支承   (b)下弦支承

图 6 – 31 网架结构支撑方式

3. 网架结构选型原则

网架结构选型应根据建筑平面形状和尺寸、支承条件、荷载大小、屋面构造、制作方法等方面的要求综合确定。网架杆件布置必须保证不出现结构几何可变的情况。

(1)平面形状为矩形的周边支承网架,当其边长比(即长边与短边之比)小于或等于 1.5 时,宜选用正放四角锥网架、斜放四角锥网架、棋盘形四角锥网架、正放抽空四角锥网架、两向正交斜放网架、两向正交正放网架。当其边长比大于 1.5 时,宜选用两向正交正放网架、正放四角锥网架或正放抽空四角锥网架。

(2)平面形状为矩形、多点支承的网架可根据具体情况选用正放四角锥网架、正放抽空四角锥网架、两向正交正放网架。

(3)平面形状为圆形、正六边形及接近正六边形等周边支承的网架,可根据具体情况选用三向网架、三角锥网架、抽空三角锥网架。对中小跨度,也可选用蜂窝形三角锥网架。

(4)网架的网格高度与网格尺寸应根据跨度大小、荷载条件、柱网尺寸、支承情况、网格形式以及构造要求和建筑功能等因素确定,网架的高跨比可取 1/10 ~ 1/18。网架在短向跨度的网格数不宜小于 5。确定网格尺寸时宜使相邻杆件间的夹角大于 45°,且不宜小于 30°。

(5)对跨度不大于 40 m 的多层建筑的楼盖及跨度不大于 60 m 的屋盖,可采用以钢筋混凝土板代替上弦的组合网架结构。组合网架宜选用正放四角锥形式、正放抽空四角锥形式、两向正交正放形式、斜放四角锥形式和蜂窝形三角锥形式。

4. 网架屋面排水可采用下列方式

(1)上弦节点上设置小立柱找坡(当小立柱较高时,应保证小立柱自身的稳定性并布置支承),如图 6 – 32(a)所示;

(2)网架变高度,如图 6 – 32(b)所示;

(3)网架结构起坡,如图 6 – 32(c)所示。

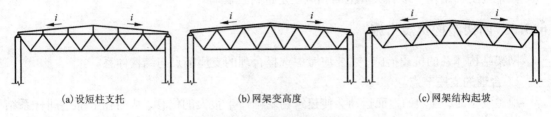

(a)设短柱支托　　　　　(b)网架变高度　　　　　(c)网架结构起坡

图6-32　网架屋面排水方式

6.5.2　网架抗震设计要点

1. 结构计算一般原则

(1)空间网架结构的内力和位移可按弹性理论计算。

(2)空间网架结构分析时,可假定节点为铰接,杆件只承受轴向力。

(3)空间网架结构的外荷载可按静力等效原则将节点所辖区域内的荷载集中作用在该节点上。当杆件上作用有局部荷载时,应另行考虑局部弯曲内力的影响。

(4)空间网架结构分析时,应考虑上部空间网格结构与下部支承结构的相互影响。

(5)空间网架结构施工安装阶段与使用阶段支承情况不一致时,应区别不同支承条件分析计算施工安装阶段和使用阶段在相应荷载作用下的结构位移和内力。

2. 地震作用的计算

对用作屋盖的网架结构,在抗震设防烈度为8度的地区,对于周边支承的中小跨度网架结构应进行竖向抗震验算,对于其他网架结构均应进行竖向和水平抗震验算;在抗震设防烈度为9度的地区,对各种网架结构应进行竖向和水平抗震验算。

(1)竖向地震作用。

竖向地震作用计算时,通常将柱子及下部结构简化为网架的支座,只考虑柱子提供的竖向约束作用,即将网架支座简化为简支支座。

①对于周边支承或多点支承与周边支承相结合的用于屋盖的网架结构,竖向地震作用标准值可按下式确定:

$$F_{Evki} = \pm \psi_v \cdot G_i \qquad (6-32)$$

式中:F_{Evki}——作用在网架第 i 节点上竖向地震作用标准值;

$\quad G_i$——网架第 i 节点的重力荷载代表值,其中恒荷载取100%,雪荷载及屋面积灰荷载取50%,不考虑屋面活荷载;

$\quad \psi_v$——竖向地震作用系数。

②对于平面复杂或重要的大跨度网架结构,可采用振型分解反应谱法或时程分析法做专门的抗震分析和验算。

(2)水平地震作用。

网架结构体系水平地震作用的计算可采用振型分解反应谱法或时程分析法。通常将地震时水平地面运动分解为互相垂直的两个水平运动分量,一般只考虑其中较大的一个,而且假定作用在结构侧向刚度较小的方向。水平地震作用下的网架的内力和位移计算可采用空间桁架位移法。

网架的支撑结构应按有关规范的相应规定进行抗震验算。

6.5.3 网架结构抗震措施

网架结构体系的抗震措施，主要应考虑选择合理的支座节点与结构体系。

1. 合理的支座节点

地震发生时，强烈的地面运动会使建筑物基础产生很大的位移，从而在上部空间杆系结构中产生内力和位移，地震强度等级较高时，可导致整个建筑物整体坍塌。为了减小空间杆系的地震效应，可增加支座的变形能力，消耗一部分地震能量，同时还可以改变支座刚度，使结构的基本周期远离场地的卓越周期，从而避开地震地面运动的高强度频段。

（1）板式橡胶支座节点。

板式橡胶支座是在支座底板与支承面顶板或过渡钢板间加设橡胶垫板而实现的一种支座节点。由于橡胶垫板具有良好的弹性和较大的剪切变位能力，可延长结构的自振周期，有利于减轻地震作用对结构体系的影响，如图6-33所示。

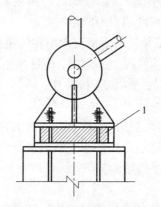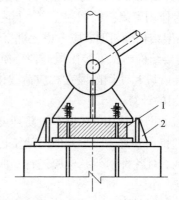

图6-33 板式橡胶支座节点
1—橡胶垫板；2—限位杆

（2）带有摩擦滑动的平板压力支座。

在结构和支撑面之间设置摩擦滑动层，在轻微地震作用下，结构在静摩擦力作用下仍能固定在支承上，而当强震时，静摩擦力被克服，结构发生水平位移，从而消耗部分地震能量。摩擦滑动层可以采用经过防腐处理的高强合金钢板做成干摩擦滑板，也可用滑石、石墨等作为滑动垫层。为使支座节点有一定的侧移能力，支座底板的螺栓孔做成椭圆形，如图6-34所示。

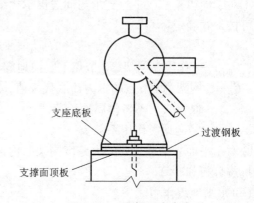

图6-34 平板压力支座

2. 合理的结构体系

网架结构体系抗震性能的好坏，不仅与结构本身的空间工作性能、支座抗变形能力、下部结构抗侧移能力有关，还与结构的布置方案、结构与支撑的连接构造也息息相关。如图 6-35(a)所示，网架与柱子采用上弦支承连接，水平地震内力主要由上弦承担，造成上、下弦杆的内力分布不均匀，如果采用图 6-35(b)中上、下弦同时与支承体系连接，在上弦网格中增设水平支撑，则可使网架上下弦同时抵抗地震作用，且内力分布均匀。

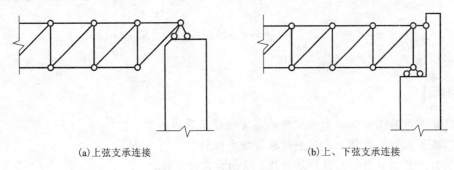

(a)上弦支承连接   (b)上、下弦支承连接

图 6-35 网架与柱连接方式

复习思考题

1. 多、高层钢结构梁柱刚性连接断裂破坏的主要原因是什么？
2. 钢框架柱发生水平断裂破坏的可能原因是什么？
3. 钢结构房屋在进行结构布置时，有什么要求？
4. 钢结构房屋为什么要限制最大高宽比？
5. 为什么要限制钢框架梁、柱板件的宽厚比？
6. 为什么要对钢结构房屋的地震作用效应进行调整？
7. 钢结构房屋常见的结构类型有哪些？试分析抗震性能及优缺点。
8. 钢框架—中心支撑结构和钢框架—偏心支撑结构的抗震工作机理有何不同？
9. 为什么进行罕遇地震结构反应分析时，不考虑楼板与钢梁的共同作用？
10. 进行钢框架地震反应分析与进行钢筋混凝土框架地震反应分析相比有何特殊因素要考虑？
11. 在同样的抗震设防烈度条件下，为什么多、高层建筑钢结构的地震作用大于多、高层建筑钢筋混凝土结构？
12. 抗震设计时，支撑斜杆的承载力为什么折减？
13. 网架结构的竖向、水平地震作用有何不同？
14. 网架结构的抗震构造措施如何考虑？

第7章　单层钢筋混凝土柱厂房的抗震设计

【学习目标】

1. 能分析单层钢筋混凝土柱厂房的震害特征及原因；
2. 掌握单层钢筋混凝土柱厂房的抗震概念设计；
3. 了解单层钢筋混凝土柱厂房的横、纵向抗震计算方法；
4. 熟悉和掌握单层钢筋混凝土柱厂房常见构造措施。

【读一读】

　　2008年5月12日14时28分，四川省汶川县发生里氏8.0级特大地震，四川作为我国工业大省，东方汽车轮机厂、剑南春集团等大型企业落户于此，单层工业厂房在其内部被广泛采用。调查组通过震后对汶川、绵竹、都江堰、彭州、江油等重灾区工业厂房的震害调查，发现多个厂房具有相似的破坏特征，其中部分破坏情况如图7-1所示。图片中出现了哪些破坏？单层工业厂房遇到地震时还有哪些震害？为了避免和减轻震害，在单层钢筋混凝土柱厂房结构的抗震设计时应从哪些方面入手？这些问题我们可以通过本章学习得到了解，相信只要设计得当，厂房就能具备较好的抗震性能。

(a)　　　　　　　　　　　　(b)

(c)　　　　　　　　　　　　(d)

图7-1　汶川单层钢筋混凝土柱厂房的震害

7.1　单层钢筋混凝土柱厂房震害及分析

　　单层钢筋混凝土柱厂房的横向主要由钢筋混凝土柱、屋架(屋面梁)和山墙组成,纵向一般由柱、柱间支撑、连系梁、吊车梁和纵墙等组成,如图7-2所示。横向排架是厂房的基本承重结构,纵向排架保证厂房结构的稳定性和刚性。

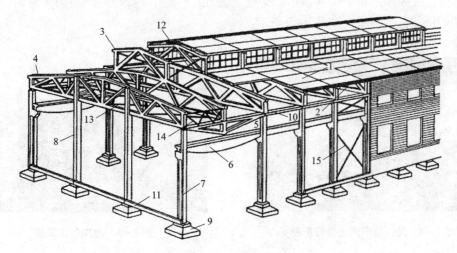

图 7-2　单层厂房的结构组成

1—屋面板;2—天沟板;3—天窗架;4—屋架;5—托架;6—吊车梁;

7—排架柱;8—抗风柱;9—基础;10—连系梁;11—基础梁;12—天窗架垂直支撑;

13—屋架下弦横向水平支撑;14—屋架端部垂直支撑;15—柱间支撑

　　通过对震害调查结果的研究,单层钢筋混凝土柱厂房的震害可归结为以下几大类:屋盖系统震害、排架柱震害、围护结构震害及其他震害。

7.1.1　屋盖系统震害及分析

　　单层工业厂房屋盖,尤其是重型屋盖(指采用钢筋混凝土屋架、屋面梁或钢屋架,上铺钢筋混凝土槽形板的屋盖),集中了整个厂房绝大部分的质量,是地震作用首当其冲之处,是厂房主体结构最易遭到地震破坏的部位。同时,屋盖又是厂房形成整体稳定性的重要部位,屋盖构件连接或屋盖支撑体系的局部破坏往往会引起严重后果。历次大地震表明,屋盖构件的破坏是造成厂房倒塌的主要原因。

　　(1)屋面板错动坠落。

　　当屋面板与屋架(屋面梁)的焊接质量差,或经历多年的连接件锈蚀,地震时往往造成屋面板错动和大面积滑脱坠落,如图7-3所示,甚至造成屋架因失去侧向支承而倒塌。在轻

图 7-3　屋面板从屋架滑脱坠落

型屋盖中，当屋面瓦材未与檩条钩牢，或檩条未与屋架连牢时，也会发生屋面大面积下滑坠落的情况。屋面板的坠落容易砸坏厂房设备，造成较大的经济损失。

（2）屋架破坏。

在地震作用下，屋架的主要震害表现为：屋架端节间上弦杆剪断，端头混凝土酥裂掉角，支撑大型屋面板的支墩折断等。屋盖的纵向地震作用是由屋架中部向两端传递的，因此屋架两端的地震剪力最大，特别是没有柱间支撑的跨间，屋架端头与屋面板相连接处应力最为集中，往往首先被剪坏，如图7-4所示。另外，屋架的平面外支撑（如屋面板）失效时，也可能引起屋架的倾斜甚至倒塌，如图7-5所示。

图7-4　屋架端节间上弦杆剪断

图7-5　屋架整体塌落

（3）天窗架。

下沉式天窗，在地震中一般无震害（图7-6）。突出屋面的门式天窗架震害严重。震害主要表现为两侧竖向支撑杆件失稳压曲，其与天窗立柱连接节点被拉脱，天窗立柱根部在与侧板连接处水平开裂（图7-7），严重者天窗架立柱纵向折断倒塌。门式天窗架的震害如此严重，原因在于天窗架刚度远小于主体结构，且天窗架位于厂房最高部位，大型屋面板重，重心高，鞭梢效应明显，地震效应大。

图7-6　天窗整体破坏

图7-7　天窗架立柱出现横向裂缝

（4）屋盖支撑。

主要震害是失稳压曲。若支撑数量不足、布局不合理、刚度偏弱、强度偏低，地震时，在屋面板与屋架无可靠焊接的情况下，会发生杆件压曲、焊缝撕开等现象，也有个别拉杆拉断的，从而造成屋盖破坏和倒塌。

7.1.2　排架柱震害及分析

排架柱是单层钢筋混凝土柱厂房的主要抗侧力构件。在非抗震设计中已经考虑风荷载和吊车荷载的水平作用，因此具有较强的抗侧力能力。汶川地震中钢筋混凝土柱工业厂房竖向承重构件表现出较好的抗震性能，地震烈度达到 9 度时才出现明显震害，但排架柱的局部震害普遍，主要部位有以下几种。

（1）柱顶。

厂房屋盖的竖向荷载以及地震时房屋的水平地震作用通过屋架（屋面梁）与柱头之间的连接节点传递到排架柱，当此处连接焊缝或者预埋件锚固钢筋的锚固强度不足时，会产生焊缝切断或锚固钢筋被拔出；如果柱头本身承载力不足，其混凝土在剪力、压力复合作用下会出现斜裂缝，甚至压酥剥落，如图 7-8 所示，尤其是柱间支撑的柱头，吸收的水平地震能多，更易发生这种破坏，柱头部位的这些破坏可以导致屋架坠落。

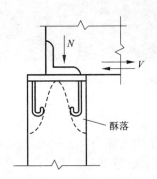

图 7-8　柱顶节点破坏

（2）上柱根部和吊车梁顶面处的破坏。

上柱截面较弱，屋盖及吊车的横向水平地震作用使上柱根部和吊车梁顶面弯矩和剪力较大，由于刚度突变引起的应力集中，易产生斜裂缝和水平裂缝甚至折断，如图 7-9 所示。

（3）高低跨厂房中柱拉裂。

高低跨厂房的中柱常用柱肩（或牛腿）支撑低跨屋架，地震时由于高振型影响，两层屋盖产生相反方向运动时，使柱肩（或牛腿）受到较大的水平拉力，可导致该处拉裂。

（4）下柱的破坏。

下柱最常见的破坏发生在靠近地面处。由于厂房刚性地面对下柱有嵌固作用，而下柱靠近地面处弯矩很大，因而易出现水平裂缝，严重时可能使混凝土外层剥离，纵筋压曲（图 7-10）。在 9 度以上的高烈度区也曾发生过柱根折断使厂房倒塌的例子。此外，开口的薄壁工形柱、平腹杆双肢柱在抗剪承载力不足时，分别易出现工形柱腹板的交叉斜裂缝和双肢柱的水平裂缝，如图 7-11 所示。

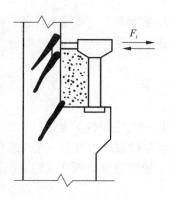

图 7 - 9　上柱柱根破坏

图 7 - 10　下柱柱根破坏

图 7 - 11　平腹杆双肢柱下柱开裂

（5）柱间支撑。

柱间支撑是厂房纵向抗震的主要抗侧力构件，承受了绝大部分的纵向地震作用。如果柱间支撑长细比过大，在地震烈度达到 8 ~ 9 度时容易压屈，如图 7 - 12 所示。非抗震设计时，支撑一般按构造设置，在数量、刚度、承载力及节点连接构造方面与按抗震要求相比都显得薄弱，在 8 度及 8 度以上地震时，易发生支撑杆件与柱的连接节点拉脱破坏，如图 7 - 13 所示，节点拉脱破坏较多出现于上柱支撑和下柱支撑的下部。

图 7 - 12　柱间钢支撑压屈

图 7 - 13　柱间钢支撑预埋件被拔出

7.1.3　围护结构震害及分析

作为围护结构的纵墙和山墙(主要指砌体围护墙),是在地震时破坏较早和较多的部位,随地震烈度的不同而出现开裂、外闪、局部倒塌和大面积倒塌等震害。造成围护墙破坏的原因是墙体本身的抗震承载力和变形能力较差,且墙体较大,与主体结构缺乏可靠连接。震害表明,砌体围护墙,尤其是山墙,若与柱缺乏可靠拉结,或山墙抗风柱与厂房顶部连接不好,在 6 度地震时就可能外倾或倒塌(图 7-14);女儿墙和山墙山尖等由于鞭梢效应的影响,动力反应大,在地震中破坏较其他围护结构更严重;变形缝两侧的墙体如果缝宽过小,发生地震时还会造成墙体互相碰撞而损坏;对采用钢筋混凝土墙板与柱柔性连接,或采用轻质墙板围护墙的厂房结构,在 8 度、9 度时也能保证基本完好,显示出良好的抗震性能(图 7-15)。

图 7-14　山墙上部倒塌　　　　图 7-15　东汽钢结构轻型墙板和屋盖震害轻微

7.1.4　其他震害及分析

由于厂房平面布置不利或因内部设备、平台支架的影响,使厂房沿纵向或横向的刚度中心与质量中心偏离较多而产生扭转,导致角柱震害加重。

与厂房临近的砌体房屋,由于与厂房的侧移刚度相差大,地震时变形不协调,产生相应的一些震害。

厂房与生活间相接处的破坏。钢筋混凝土柱单层厂房是较柔的结构体系,而生活间(如办公室、附属用房等)常常是刚性砖混结构,两者刚度、自振频率和变形极不一致。在设计生活间时,往往利用厂房的山墙或纵墙作为生活间墙体的一边,有的承重构件就直接伸入该墙,因此地震时该处普遍遭破坏。破坏现象主要表现为:山墙与生活间脱开或互撞,生活间的承重构件拔出,山墙上有通长或局部的水平裂缝等。

7.2　单层钢筋混凝土柱厂房抗震设计的一般规定

(1)厂房的结构布置。

单层厂房的结构布置不仅要满足一般房屋的建设要求,还应根据自身的结构特性,必须满足如图 7-16 所示的建设要求。

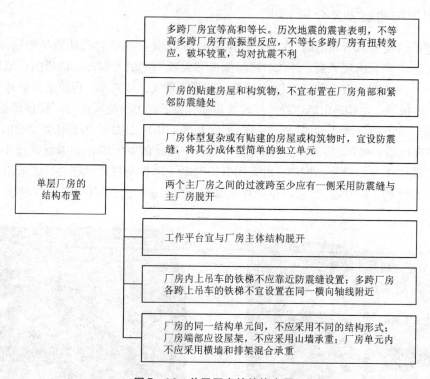

图 7－16　单层厂房的结构布置

单层厂房的结构布置
- 多跨厂房宜等高和等长。历次地震的震害表明，不等高多跨厂房有高振型反应，不等长多跨厂房有扭转效应，破坏较重，均对抗震不利
- 厂房的贴建房屋和构筑物，不宜布置在厂房角部和紧邻防震缝处
- 厂房体型复杂或有贴建的房屋或构筑物时，宜设防震缝，将其分成体型简单的独立单元
- 两个主厂房之间的过渡跨至少应有一侧采用防震缝与主厂房脱开
- 工作平台宜与厂房主体结构脱开
- 厂房内上吊车的铁梯不应靠近防震缝设置；多跨厂房各跨上吊车的铁梯不宜设置在同一横向轴线附近
- 厂房的同一结构单元间，不应采用不同的结构形式；厂房端部应设屋架，不应采用山墙承重；厂房单元内不应采用横墙和排架混合承重

（2）厂房天窗架的设置。

天窗架由于其特殊的位置，地震时地震作用较大，震害较重，天窗架若发生破坏，会削弱厂房屋盖的整体性和刚性。因此，对单层厂房的天窗架进行设置时，应符合图 7－17 所示的要求。

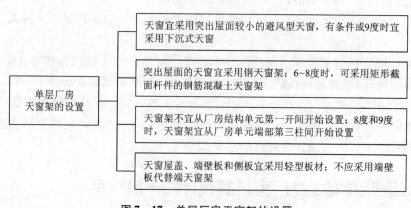

图 7－17　单层厂房天窗架的设置

单层厂房天窗架的设置
- 天窗宜采用突出屋面较小的避风型天窗，有条件或9度时宜采用下沉式天窗
- 突出屋面的天窗宜采用钢天窗架；6~8度时，可采用矩形截面杆件的钢筋混凝土天窗架
- 天窗架不宜从厂房结构单元第一开间开始设置；8度和9度时，天窗架宜从厂房单元端部第三柱间开始设置
- 天窗屋盖、端壁板和侧板宜采用轻型板材；不应采用端壁板代替端天窗架

（3）厂房屋架的设置。

应尽量选择轻型屋架以减小地震作用的影响，并应使结构构件具有较好的抗震性能，有利于提高厂房的整体抗震能力。单层厂房屋架的设置应满足如图 7－18 所示的要求。

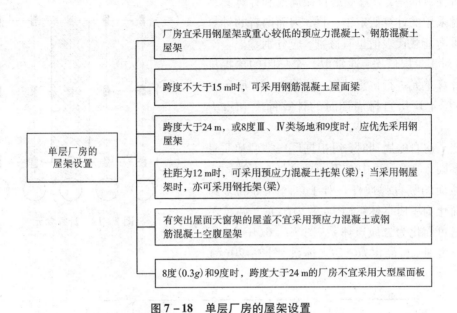

图 7 - 18　单层厂房的屋架设置

（4）厂房柱的设置。

厂房柱的设置应符合以下要求：

①地震烈度为 8 ~ 9 度时，宜采用矩形、工字形截面柱、斜腹杆双肢柱，不宜采用薄壁工字形柱、腹板开孔工字形柱、预制腹板的工字形柱和管柱。

②柱底至室内地坪以上 500 mm 范围内和阶梯形柱的上柱宜采用矩形截面柱。

（5）厂房围护墙的要求。

厂房的围护结构常采用砌体墙体或大型墙板方案。震害表明，围护砖墙的震害较重，而大型墙板厂房则震害较轻，因此，应优先选用轻质墙板或钢筋混凝土大型墙板。

7.3　单层钢筋混凝土柱厂房抗震计算

国内大量震害调查结果表明，建造在 7 度 I 、II 类场地，柱高不超过 10 m 且结构单元两端有山墙的单跨及等高多跨厂房，以及 7 度和 8 度 I 、II 类场地的露天吊车栈桥，经历地震后，除围护墙发生一定程度的轻微破坏外，主体结构基本上无明显震害。因此，《规范》规定，对上述单层厂房，可不进行横向及纵向抗震验算，但应符合抗震构造措施规定。一般厂房均应沿厂房平面的两个主轴方向考虑水平地震作用，并分别进行抗震验算。

7.3.1　单层钢筋混凝土柱厂房横向抗震计算

混凝土无檩和有檩屋盖厂房，一般情况下，需要计算屋盖的横向弹性变形，按多质点空间结构分析。为了简化计算并便于手算，当厂房符合《规范》附录 J 的规定时，可按平面排架计算，并按附录 J 的规定对排架柱的地震剪力和弯矩进行调整，以减小简化计算带来的误差。当采用压型钢板、瓦楞铁等轻型、有檩屋盖厂房且柱距相等时，也可按平面排架计算。

值得注意的是,计算厂房自振周期和计算其地震作用时采用的计算假定不一样,因而两者的计算简图和重力荷载代表值也有区别,应分别考虑。

(1)对于单层厂房,通常取一个柱距的单榀排架作为计算单元进行抗震计算,如图 7 – 19 所示。

(2)确定厂房自振周期时的计算简图和重力荷载。

确定厂房自振周期时,可根据厂房类型和质量分布的不同,取重量集中在不同标高处、下端固定于基础顶面的竖直弹性杆。对于单跨和等高多跨厂房可简化为单质点体系[图 7 – 20(a)],两跨不等高厂房可简化为二质点体系[图 7 – 20(b)],当有三个高度时,可简化为三质点体系[图 7 – 20(c)]。

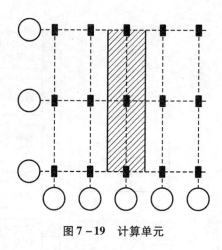

图 7 – 19　计算单元

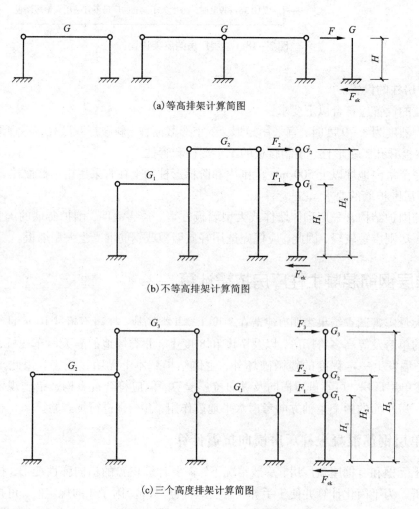

(a)等高排架计算简图

(b)不等高排架计算简图

(c)三个高度排架计算简图

图 7 – 20　横向体系计算简图

集中于第 i 屋盖处的重力荷载代表值 G_i 可按下式计算：

$$G_i = 1.0G_{屋盖} + 0.5G_{雪} + 0.5G_{积灰} + 1.0G_{悬挂} + 0.5G_{吊车梁} + 0.25G_{柱} + 0.25G_{纵墙} + 0.5G_{悬墙}$$

$$(7-1)$$

根据实测分析和理论计算的比较可知，在计算厂房横向自振周期时，一般不考虑吊车桥架重力荷载，因为吊车桥架增加了排架的横向刚度，桥架本身和所吊重物也增加了排架的质量，两者的综合结果是使吊车桥架的单元自振周期等于或略小于无吊车桥架的单元自振周期，它对排架自振周期影响很小。不考虑吊车桥架重力荷载，对厂房抗震计算也是偏于安全的。

（3）确定厂房地震作用时的计算简图和重力荷载。

确定厂房的地震作用时，对于内部设施不同的厂房，其计算简图也不同。对于设有桥式吊车的厂房，除了把厂房质量集中于屋盖标高处外，还要考虑吊车重量对柱子的不利影响。一般是把吊车的重量布置于该跨任一个柱子的起重机梁顶面处。如果两跨不等高厂房每跨皆设有桥式吊车，则确定其地震作用时应按四个集中质点考虑，计算简图如图7-21所示。

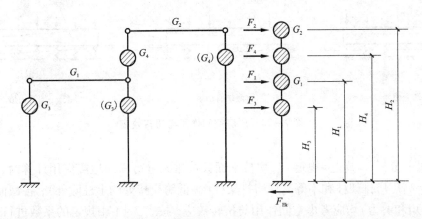

图7-21 确定有桥式吊车厂房地震作用时的计算简图

（4）厂房横向水平地震作用的计算。

一般情况下，单层厂房横向水平地震作用可按底部剪力法进行计算，对于一些较为复杂、高低跨相差较大的厂房，采用底部剪力法误差较大，需要采用振型分解法，具体计算参见第3章。

（5）地震作用效应的调整。

考虑到厂房排架之间的空间作用、厂房平面不均匀产生的扭转影响、吊车位置对局部排架受力的影响，以及突出屋面的天窗架对地震作用分布的影响，按上述方法计算出的结果必须进行调整才能符合实际情况。

①考虑空间作用及扭转效应影响的调整。

震害调查和分析表明，当厂房山墙之间的距离不太大，且为钢筋混凝土屋盖时，作用在厂房上的地震作用将有一部分通过屋盖传递给山墙，从而使排架上的地震作用减小，这种现象就是空间作用。

从横向水平地震作用分配的角度，可将屋盖平面结构视为连续深梁，将各侧向排架视为梁的弹性支座，如图7-22所示。若假定屋盖在平面内具有无限刚性，各排架侧向刚度相同、厂房两端无山墙，中间也无隔墙[图7-22(a)]，则支撑连续梁(屋盖)的弹性支撑(排架)在横向水平地震作用下的侧移便是均匀的(Δ_0)，弹性支座所受到的作用力沿厂房纵向的分布也是均匀的。此时可认为各排架均匀受力，互不影响，无空间相互作用，显然，这只是假设的特殊情况。

当厂房两端有山墙时，地震作用将由排架柱与山墙共同承担[图7-22(b)]，因为山墙平面内的刚度比排架柱大，山墙处排架柱柱顶侧移小于中间排架柱柱顶侧移，中间排架柱柱顶侧移最大(Δ_1)，山墙顶侧移最小($\Delta_e=0$)。山墙间距越小，Δ_1/Δ_0的值越小，则厂房空间作用愈明显，各排架实际承受的地震作用将比平面排架简化计算结果要小。

如果两端山墙的侧移刚度相差较大，或只一端有山墙，则除了存在空间作用之外，还会产生扭转效应[图7-22(c)]。其结果是刚度较小或无墙一端的柱顶侧移 $\Delta_2 > \Delta_0$，有墙一端的排架柱柱顶侧移 $\Delta_3 < \Delta_0$。这时各排架柱实际承受的地震作用也不同于平面排架简化计算的结果。

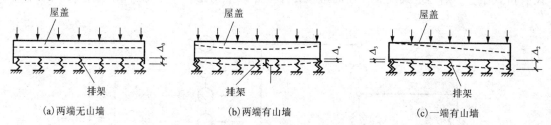

(a)两端无山墙　　　　　(b)两端有山墙　　　　　(c)一端有山墙

图7-22　厂房空间作用与扭转效应

根据以上分析，《规范》规定，厂房按平面铰接排架进行横向地震作用计算时，对钢筋混凝土屋盖等高厂房排架柱和不等高厂房排架柱(高低跨交接处的上柱除外)，各截面的地震作用效应(弯矩和剪力)均应考虑空间作用与扭转效应，按表7-1中规定的系数进行调整。

表7-1　钢筋混凝土柱(高低跨交接处上柱除外)考虑空间工作和扭转影响的效应调整系数

屋盖	山墙		屋盖长度/m											
			≤30	36	42	48	54	60	66	72	78	84	90	96
钢筋混凝土无檩屋盖	两端山墙	等高厂房			0.75	0.75	0.75	0.80	0.80	0.80	0.85	0.85	0.85	0.90
		不等高厂房			0.85	0.85	0.85	0.90	0.90	0.90	0.95	0.95	0.95	1.00
	一端山墙		1.05	1.15	1.20	1.25	1.30	1.30	1.30	1.35	1.35	1.35	1.35	
钢筋混凝土有檩屋盖	两端山墙	等高厂房			0.80	0.85	0.90	0.95	0.95	1.00	1.00	1.05	1.05	1.10
		不等高厂房			0.85	0.90	0.95	1.00	1.00	1.05	1.05	1.10	1.10	1.15
	一端山墙		1.00	1.05	1.10	1.10	1.15	1.15	1.15	1.20	1.20	1.20	1.25	1.25

②吊车桥架引起的地震作用效应增大系数。

发生地震时，吊车桥架的质量已经足够影响到厂房的振动了，会对吊车所在排架产生局部影响，加重震害。因此，计算地震作用效应时应乘以增大系数。当按底部剪力法等简化计算时，增大系数可按表 7 – 2 采用。

表 7 – 2　吊车桥架引起的地震剪力和弯矩增大系数

屋盖类型	山墙	高低跨柱	边柱	其他中柱
钢筋混凝土 无檩屋盖	一端山墙	2.0	1.5	2.5
	两端山墙	2.5	2.0	3.0
钢筋混凝土 有檩屋盖	一端山墙	2.0	1.5	2.0
	两端山墙	2.0	1.5	2.5

（6）排架内力组合。

内力组合是指根据水平地震作用效应与厂房重力荷载（结构自重、雪荷载、积灰荷载、吊车的竖向荷载等）效应可能出现的最不利荷载情况的组合。

单层厂房排架的地震作用效应与其他荷载效应组合时，一般不考虑风荷载效应，不考虑吊车横向水平制动力引起的内力，也不考虑竖向地震作用。因此，荷载效应组合的一般表达式为：

$$S = \gamma_G S_{GE} + \gamma_{Eh} S_{Ehk} \qquad (7-2)$$

式中：γ_G——重力荷载分项系数，一般情况下取 1.2；

　　　γ_{Eh}——水平地震作用分项系数，取 1.3；

　　　S_{GE}——重力荷载代表值的效应，有吊车时，尚应包括悬吊物标准值的效应；

　　　S_{Ehk}——水平地震作用效应标准值的效应，尚应乘以相应的增大系数或调整系数。

（7）截面抗震验算。

对单层钢筋混凝土柱厂房，排架柱截面的抗震验算应满足下列一般表达式的要求

$$S \leqslant R/\gamma_{RE} \qquad (7-3)$$

式中：R——结构构件承载力设计值，按《混凝土结构设计规范》规定的偏心受压构件的承载力计算公式计算；

　　　γ_{RE}——承载力抗震调整系数，对钢筋混凝土偏心受压柱，当轴压比小于 0.15 时取 0.75，当轴压比不小于 0.15 时取 0.8。

对于两个主轴方向柱距均不小于 12 m、无桥式吊车且无柱间支撑的大柱网厂房，柱截面抗震验算应同时计算两个主轴方向的水平地震作用，并应计入位移所引起的附加弯矩。

7.3.2　单层钢筋混凝土柱厂房纵向抗震计算

大量震害表明，在纵向水平地震作用下，厂房结构的破坏程度重于横向地震作用下的破坏，并且沿厂房纵向的破坏多数发生在中柱列，这是由于整个屋盖在平面内发生了变形，外纵向围护墙也承担了部分地震作用，致使各柱列承受的地震作用不同，中柱列承受了较多的地震作用，总体结构的水平地震作用的分配表现出显著的空间作用。因此，怎样选取合适的

计算模型进行厂房纵向地震的效应分析，减轻结构沿纵向的破坏是十分重要的。

纵向抗震计算的简化方法有空间分析法、修正刚度法、柱列法、拟能量法等。

（1）空间分析法。

空间分析法的使用范围非常广泛，任何类型的厂房都可以适用。使用空间分析法时，首先需对屋盖模型进行转化。假若建筑结构比较复杂，还需借助计算机来计算。

简化的空间结构计算模型如图7-23所示，是一种"并联多质点体系"。在该模型中，仅考虑纵向水平位移，每一纵向柱列只取一个自由度，并将厂房的质量等效转化到各柱列处。

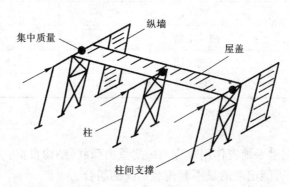

图7-23　简化的空间结构计算模型

（2）修正刚度法。

计算时，取整个抗震缝区段为纵向计算单元，按整体计算基本周期和纵向地震作用，并在计算过程中对厂房的纵向自振周期以及柱列侧移刚度加以修正后分配地震作用，使得结果逼近按空间分析法计算的结果，这种方法称为修正刚度法。

修正刚度法主要适用于有着较为完整支撑体系的轻型屋盖，且柱顶标高 < 15 m、跨度 < 30 m，因为这类房屋进行抗震计算时，需要考虑屋盖的空间作用及纵向围护墙与屋盖变形对柱列侧移的影响。

（3）柱列法。

对使用压型钢板、瓦楞铁、石棉瓦等有檩轻型屋盖的多跨等高厂房，由于缺少完整的支撑体系，屋盖空间刚度小，协调各柱列变形的能力差，在纵向地震作用下，各柱列的振动相互影响小，这时可采用柱列法。该方法还适用于对称布置的单层厂房。

（4）拟能量法。

对于不等高的钢筋混凝土屋盖厂房，由于形式变化多，目前尚无恰当的实测周期公式，需提供简化的周期公式。不等高厂房沿纵向也是整体振动的，如果能恰当地确定作用于各柱列的等效集中质量，运用能量法原则，就可以近似地求得厂房的基本周期和相应的地震作用。通过对多种高度、跨度、跨数的各种不同形式的不等高厂房，按空间结构剪扭振动力学模式利用计算机分析得出的杆件地震作用效应与能量法计算结果相比较后，提出对周期与柱列质量予以调整，从而得到精度较好的"拟能量法"。

7.4　单层钢筋混凝土柱厂房的抗震构造措施

7.4.1　屋盖系统的抗震构造措施

（1）有檩屋盖。

有檩屋盖构件的连接及支撑布置，应符合下列要求：

①檩条应与混凝土屋架（屋面梁）焊牢，并应有足够的支承长度。

②双脊檩应在跨度 1/3 处相互拉结。

③压型钢板应与檩条可靠连接，瓦楞铁、石棉瓦等应与檩条拉结。

④支撑布置宜符合表 7 - 3 的要求。

表 7 - 3　有檩屋盖的支撑布置

支撑名称		烈度		
		6 度、7 度	8 度	9 度
屋架支撑	上弦横向支撑	单元端开间各设一道	单元端开间及单元长度大于 66 m 的柱间支撑开间各设一道；天窗开洞范围的两端各增设局部支撑一道	单元端开间及单元长度大于 42 m 的柱间支撑开间各设一道；天窗开洞范围的两端各增设局部的上弦横向支撑一道
	下弦横向支撑	同非抗震设计		
	跨中竖向支撑			
	端部竖向支撑	屋架端部高度大于 900 mm 时，单元端开间及柱间支撑开间各设一道		
天窗架支撑	上弦横向支撑	单元天窗端开间各设一道	单元天窗端开间及每隔 30 m 各设一道	单元天窗端开间及每隔 18 m 各设一道
	两侧竖向支撑	单元天窗端开间及每隔 36 m 各设一道		

（2）无檩屋盖。

无檩屋盖构件的连接及支撑布置，应符合下列要求：

①大型屋面板应与屋架（屋面梁）焊牢，靠柱列的屋面板与屋架（屋面梁）的连接焊缝长度不宜小于 80 mm。

②6 度和 7 度时有天窗厂房单元的端开间，或 8 度和 9 度时各开间，宜将垂直屋架方向两侧相邻的大型屋面板的顶面彼此焊牢。

③8 度和 9 度时，大型屋面板端头底面的预埋件宜采用角钢并与主筋焊牢。

④非标准屋面板宜采用装配整体式接头，或将板四角切掉后与屋架（屋面梁）焊牢。

⑤屋架(屋面梁)端部顶面预埋件的锚筋,8度时不宜少于4φ10,9度时不宜少于4φ12。

⑥支撑的布置宜符合表7-4的要求,有中间井式天窗时宜符合表7-5的要求;8度和9度、跨度不大于15 m的厂房屋盖采用屋面梁时,可仅在厂房单元两端各设竖向支撑一道;单坡屋面梁的屋盖支撑布置,宜按屋架端部高度大于900 mm的屋盖支撑布置执行。

表7-4 无檩屋盖的支撑布置

支撑名称		烈度		
		6度、7度	8度	9度
屋架支撑	上弦横向支撑	屋架跨度小于18 m时同非抗震设计,跨度不小于18 m时在厂房单元端开间各设一道	单元端开间及柱间支撑开间各设一道,天窗开洞范围的两端各增设局部的支撑一道	
	上弦通长水平系杆	同非抗震设计	沿屋架跨度不大于15 m设一道,但装配整体式屋面可仅在天窗开洞范围内设置;围护墙在屋架上弦高度有现浇圈梁时,其端部处可不另设	沿屋架跨度不大于12 m设一道,但装配整体式屋面可仅在天窗开洞范围内设置;围护墙在屋架上弦高度有现浇圈梁时,其端部处可不另设
	下弦横向支撑	同非抗震设计	同非抗震设计	同上弦横向支撑
	跨中竖向支撑			
	两端竖向支撑 屋架端部高度≤900 mm	同非抗震设计	单元端开间各设一道	单元端开间及每隔48 m各设一道
	两端竖向支撑 屋架端部高度>900 mm	单元端开间各设一道	单元端开间及柱间支撑开间各设一道	单元端开间、柱间支撑开间及每隔30 m各设一道
天窗架支撑	天窗两侧竖向支撑	厂房单元天窗端开间及每隔30 m各设一道	厂房单元天窗端开间及每隔24 m各设一道	厂房单元天窗端开间及每隔18 m各设一道
	上弦横向支撑	同非抗震设计	天窗跨度≥9 m时,单元天窗端开间及柱间支撑开间各设一道	单元端开间及柱间支撑开间各设一道

172

表 7 – 5　中间井式天窗无檩屋盖支撑布置

支撑名称		6 度、7 度	8 度	9 度
上弦横向支撑		厂房单元端开间各设一道	厂房单元端开间及柱间支撑开间各设一道	
下弦横向支撑				
上弦通长水平系杆		天窗范围内屋架跨中上弦节点处设置		
下弦通长水平系杆		天窗两侧及天窗范围内屋架下弦节点处设置		
跨中竖向支撑		有上弦横向支撑开间设置,位置与下弦通长系杆相对应		
两端竖向支撑	屋架端部高度 ≤900 mm	同非抗震设计		有上弦横向支撑开间,且间距不大于 48 m
	屋架端部高度 >900 mm	厂房单元端开间各设一道	有上弦横向支撑开间,且间距不大于 48 m	有上弦横向支撑开间,且间距不大于 30 m

（3）屋盖支撑。

屋盖支撑应符合下列要求：

①天窗开洞范围内, 在屋架脊点处应设上弦通长水平压杆；8 度Ⅲ、Ⅳ类场地和 9 度时, 梯形屋架端部上节点应沿厂房纵向设置通长水平压杆。

②屋架跨中竖向支撑在跨度方向的间距, 6 ~ 8 度时不大于 15 m, 9 度时不大于 12 m；当仅在跨中设一道时, 应设在跨中屋架屋脊处；当设二道时, 应在跨度方向均匀布置。

③屋架上、下弦通长水平系杆与竖向支撑宜配合设置。

④柱距不小于 12 m 且屋架间距 6 m 的厂房, 托架（梁）区段及其相邻开间应设下弦纵向水平支撑。

⑤屋盖支撑杆件宜用型钢。

（4）天窗架。

突出屋面的混凝土天窗架, 其两侧墙板与天窗立柱宜采用螺栓连接（图 7 – 24）。

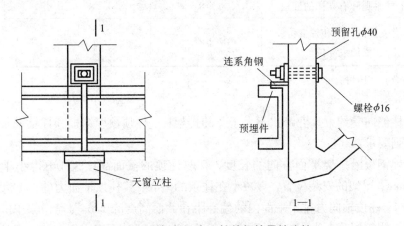

图 7 – 24　侧板与天窗立柱的螺栓柔性连接

（5）混凝土屋架。

混凝土屋架的截面和配筋，应符合下列要求：

①屋架上弦第一节间和梯形屋架端竖杆的配筋，6度和7度时不宜少于4φ12，8度和9度时不宜少于4φ14。

②梯形屋架的端竖杆截面宽度宜与上弦宽度相同。

③拱形和折线形屋架上弦端部支撑屋面板的小立柱，截面不宜小于200 mm×200 mm，高度不宜大于500 mm。主筋宜采用Ⅱ形，6度和7度时不宜少于4φ12，8度和9度时不宜少于4φ14，箍筋可采用φ6，间距不宜大于100 mm。

7.4.2 钢筋混凝土柱的抗震构造措施

（1）厂房柱子的箍筋，应符合下列要求：

①下列范围内柱的箍筋应加密：

柱头：取柱顶以下500 mm并不小于柱截面长边尺寸；

上柱：取阶形柱自牛腿面至起重机梁顶面以上300 mm高度范围内；

牛腿（柱肩）：取全高；

柱根：取下柱柱底至室内地坪以上500 mm；

柱间支撑与柱连接节点和柱变位受平台等约束的部位：取节点上、下各300 mm。

②柱加密区箍筋间距不应大于100 mm，箍筋最大肢距和最小直径应符合表7-6的规定。

表7-6 柱加密区箍筋最大肢距和最小直径

烈度和场地类别		6度和7度Ⅰ、Ⅱ类场地	7度Ⅲ、Ⅳ类场地和8度Ⅰ、Ⅱ类场地	8度Ⅲ、Ⅳ类场地和9度
箍筋最大肢距/mm		300	250	200
箍筋最小直径	一般柱头和柱根	φ6	φ8	φ8(φ10)
	角柱柱头	φ8	φ10	φ10
	上柱牛腿和有支撑的柱根	φ8	φ8	φ10
	有支撑的柱头和柱变位受约束部位	φ8	φ10	φ12

注：括号内数值用于柱根。

③厂房柱侧向受约束且剪跨比不大于2的排架柱，柱顶预埋钢板和柱箍筋加密区的构造尚应符合下列要求：

柱顶预埋钢板沿排架平面方向的长度，宜取柱顶的截面高度，且不得小于截面高度的1/2及300 mm；屋架的安装位置，宜减小在柱顶的偏心，其柱顶轴向力的偏心距不应大于截面高度的1/4；柱顶轴向力排架平面内的偏心距在截面高度的1/6~1/4范围内时，柱顶箍筋加密区的箍筋体积配筋率为：9度时不宜小于1.2%，8度时不宜小于1.0%，6度、7度时不宜小于0.8%；加密区箍筋宜配置四肢箍，肢距不大于200 mm。

174

（2）大柱网厂房柱的截面和配筋构造，应符合下列要求：

①柱截面宜采用正方形或接近正方形的矩形，边长不宜小于柱全高的 1/18～1/16。

②重屋盖厂房地震组合的柱轴压比，6 度、7 度时不宜大于 0.8，8 度时不宜大于 0.7，9 度时不应大于 0.6。

③纵向钢筋宜沿柱截面周边对称配置，间距不宜大于 200 mm，角部宜配置直径较大的钢筋。

④柱头和柱根的箍筋应加密，并应符合下列要求：加密范围，柱根取基础顶面至室内地坪以上 1 m，且不小于柱全高的 1/6；柱头取柱顶以下 500 mm，且不小于柱截面长边尺寸。

（3）山墙抗风柱的配筋，应符合下列要求：

①抗风柱柱顶以下 300 mm 和牛腿（柱肩）面以上 300 mm 范围内的箍筋，直径不宜小于 6 mm，间距不应大于 100 mm，肢距不宜大于 250 mm。

②抗风柱的变截面牛腿（柱肩）处，宜设置纵向受拉钢筋。

7.4.3　厂房柱间支撑的设置与构造

厂房柱间支撑的设置和构造，应符合下列要求：

（1）厂房柱间支撑的布置，应符合下列规定：

①一般情况下，应在厂房单元中部设置上、下柱间支撑，且下柱支撑应与上柱支撑配套设置；

②有起重机或 8 度和 9 度时，宜在厂房单元两端增设上柱支撑；

③厂房单元较长或地震烈度为 8 度Ⅲ、Ⅳ类场地和 9 度时，可在厂房单元中部 1/3 区段内设置两道柱间支撑。

（2）柱间支撑应采用型钢，支撑形式宜采用交叉式，其斜杆与水平面的交角不宜大于 55°。

（3）支撑杆件的长细比，不宜超过表 7－7 的规定。

表 7－7　交叉支撑斜杆的最大长细比

位置	烈度和场地类别			
	6 度和 7 度Ⅰ、Ⅱ类场地	7 度Ⅲ、Ⅳ类场地和 8 度Ⅰ、Ⅱ类场地	8 度Ⅲ、Ⅳ类场地和 9 度Ⅰ、Ⅱ类场地	9 度Ⅲ、Ⅳ类场地
上柱支撑	250	250	200	150
下柱支撑	200	150	120	120

（4）下柱支撑的下节点位置和构造措施，应保证将地震作用直接传给基础（图 7－25）；当 6 度和 7 度（0.10g）不能直接传给基础时，应计及支撑对柱和基础的不利影响，采取加强措施。

（5）交叉支撑在交叉点应设置节点板，其厚度不应小于 10 mm，斜杆与交叉节点板应焊接，与端节点板宜焊接。

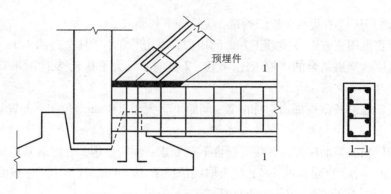

图7-25 支撑下节点设在基础顶系梁上

7.4.4 厂房结构构件连接节点的构造

厂房结构构件的连接节点,应符合下列要求:

(1)屋架(屋面梁)与柱顶的连接,有三种形式:焊接、螺栓连接和钢板铰接,如图7-26所示。焊接的构造接近刚性,变形能力差。8度时宜采用螺栓连接,9度时宜采用钢板铰接,亦可采用螺栓连接;屋架(屋面梁)端部支承垫板的厚度不宜小于16 mm。

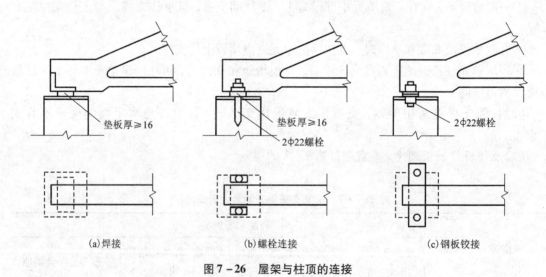

(a)焊接   (b)螺栓连接   (c)钢板铰接

图7-26 屋架与柱顶的连接

(2)柱顶预埋件的锚筋,8度时不宜少于4φ14,9度时不宜少于4φ16;有柱间支撑的柱子,柱顶预埋件尚应增设抗剪钢板(图7-27)。

(3)山墙抗风柱的柱顶,应设置预埋板,使柱顶与端屋架的上弦(屋面梁上翼缘)可靠连接。连接部位应位于上弦横向支撑与屋架的连接点处,不符合时可在支撑中增设次腹杆或设置型钢横梁,将水平地震作用传至节点部位。

(4)支承低跨屋盖的中柱牛腿(柱肩)的预埋件,应与牛腿(柱肩)中按计算承受水平拉力部分的纵向钢筋焊接,且焊接的钢筋,6度和7度时不应少于2φ12,8度时不应少于2φ14,9度时不应少于2φ16(图7-28)。

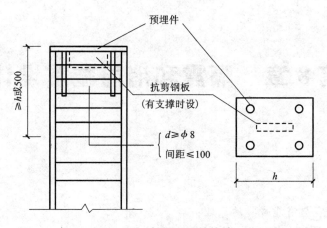

图 7 – 27　柱顶预埋件构造

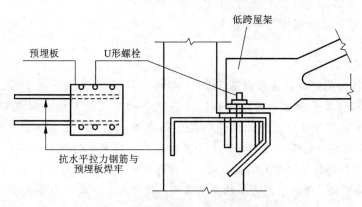

图 7 – 28　低跨屋盖与柱牛腿的连接

(5)柱间支撑与柱连接节点预埋件的锚件,8 度Ⅲ、Ⅳ类场地和 9 度时,宜采用角钢加端板,其他情况可采用不低于 HRB335 级的热轧钢筋,但锚固长度不应小于 30 倍锚筋直径或增设端板。

(6)厂房中的起重机走道板、端屋架与山墙间的填充小屋面板、天沟板、天窗端壁板和天窗侧板下的填充砌体等构件应与支承结构有可靠的连接。

复习思考题

1. 收集单层工业厂房震害的图片,并分析其原因。
2. 单层工业厂房什么情况下可以不进行横向和纵向的截面抗震验算?
3. 单层厂房横向抗震计算和纵向抗震计算各有哪些方法?
4. 简述单层钢筋混凝土柱工业厂房柱间支撑的抗震设置要求。
5. 屋架(屋面梁)与柱顶的连接有哪些形式?各有何特点?

第 8 章　隔震和消能减震设计

【学习目标】

1. 理解结构隔震与消能减震的原理；
2. 了解常用隔震支座类型及特点；
3. 了解常用消能装置类型及特点；
4. 掌握隔震建筑有关构造要求。

【读一读】

北京故宫博物院是明成祖永乐帝从 1406 年起历时 14 年建造的一座皇城，城内数百个大小不同的建筑物排列成一个巨大的建筑群。这座现存的中世纪木结构建筑群虽然在地震区内，但受到的地震灾害却很少。为什么呢？在 1975 年开始的故宫设备配管工程中，从中枢部位地下 5 ~ 6 m 处挖掘出略带黏性的物质，检查结果是一层煮过的糯米拌石灰。

故宫的主要建筑都建在大理石高台之上，下面有这样一层柔软的糯米层，就能够在一定程度上把建筑物与地震隔离开来，使建筑物免遭震害。这便是本章我们将要学习的隔震的实例。

8.1　概述

工程结构减震控制包括隔震、消能减震等各种被动控制、主动控制、混合控制等内容。传统的抗震结构体系是通过"加强结构"的途径来提高结构的抗震能力，结构被动地依靠自身储存和消耗地震能量，因此必须通过加大截面尺寸，提高混凝土强度等级，以及适当增加配筋量来增强结构的强度、刚度和延性性能。由于地震作用具有随机性，实际发生的地震作用可能超出设计的范围，从而使传统的抗震结构不满足安全性的要求，产生严重的破坏甚至倒塌。但结构减震控制体系则是通过调整结构动力特性的途径，大大减小了结构在地震(或强风)中的地震反应，从而保护结构以及结构内部的设备、仪器、网络和装饰物等不受任何损害。这是一种采用新概念、新机理的新结构体系、新理论和新技术方法。在很多情况下，它更加安全和经济。它为工程结构的地震防护、减振抗风提供了一条崭新的途径，日益引起国内外学术界、工程界的兴趣和重视。

目前，结构隔震和消能减震技术是结构抗震减震控制技术中应用最多、最成熟的技术。国内外已经建造了大量采用隔震和消能减震技术的建筑和桥梁，这个新领域仍处于不断发展和完善的阶段，随着技术的成熟和现代化社会的发展，工程结构减震控制技术将会越来越广泛地被应用，将取得显著的社会效益和经济效益。

8.2 结构隔震原理与方法

8.2.1 结构隔震原理

隔震技术的基本思想是在房屋基础、底部或下部结构与上部结构之间设置由橡胶隔震支座和阻尼装置等部件组成的具有整体复位功能的隔震层(图 8 - 1),以延长整个结构体系的自振周期,减少输入上部结构的水平地震作用,达到预期防震要求。

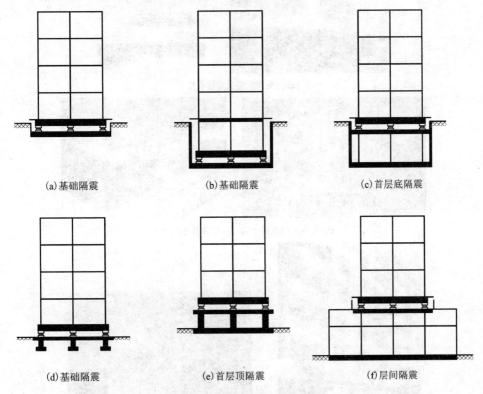

(a)基础隔震　　　(b)基础隔震　　　(c)首层底隔震

(d)基础隔震　　　(e)首层顶隔震　　　(f)层间隔震

图 8 - 1　结构隔震层的位置

隔震设计的目的是在房屋结构的底部(可以在基础、地下室顶板、下部结构与上部结构之间如裙房顶等)设置隔震层(隔震层可以是由具有整体复位功能的橡胶隔震支座单独组成或者由橡胶隔震支座和阻尼装置等多部件组成),隔离水平地震动,减少由隔离层下部结构输入至上部结构的地震能量。

汕头市陵海大道住宅楼是我国第一栋橡胶隔震房屋[图 8 - 2(a)],它是在基础部位设置了橡胶隔震垫来达到隔震的目的;1998 年建成的太原市图书档案馆也是一栋 6 层隔震楼,同样采用了基础隔震[图 8 - 2(b)];广东澄海的政府干部住宅楼共 7 层,是采用首层隔震来达到隔震的目的[图 8 - 2(c)];北京通惠家园是处于地面交通枢纽中心的平台住宅区,此住宅的特点是有大底盘,并且是多塔楼,采用的是层间隔震技术,在整个长 1300 m 和宽 250 m 的二层平台上建有面积为 22.27 万平方米的 17 栋 9 层层间隔震住宅楼[图 8 - 2(d)],采用隔震技术后平台上的房屋的水平地震作用降低23%，安全性提高4倍，大平台的水平地震作用降低62%，抗震安全性得到改善。国内外的大量实验和工程实验表明："隔震"一般可延长结构的自振周期，使结构的水平地震作用降低60%左右，从而消除或有效地减轻结构构件和非结构构件的地震破坏。

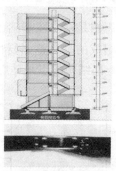
(a)汕头市陵海大道住宅楼

(b)太原市图书档案馆(左)和隔震支座(右)

(c)广东澄海的政府干部住宅楼

(d)北京通惠家园

图8-2　我国隔震工程应用实例

隔震技术提高了建筑物及其内部设施和人员的抗震安全性，增强了震后建筑物继续使用的可能性。隔震技术属于抗震设计中的主动控制技术，通过设置隔离层，直接减少输入上部结构的地震能量，主要适用于低层和多层建筑。

8.2.2　隔震装置简介

要减少地震能量输入结构，达到降低震害的目的，隔震装置必须满足如下要求：

（1）隔震装置要有一定的柔度，能延长结构周期，从而降低地震作用。

（2）隔震装置应具有可变的水平刚度特性。在风荷载及轻微地震作用下，结构应具有足够大的水平刚度，使上部结构水平位移极小，不影响使用要求；在中强地震发生时，又应具有足够小的水平刚度，使上部结构产生水平滑动，"刚性"的抗震体系变成"柔性"的隔震体系，其自振周期大大延长，远离传统结构的自振周期和场地特征周期，从而把地震动有效隔开，明显降低上部结构的地震反应，使上部结构的加速度反应或地震作用降低为传统结构加速度反应的 $1/12 \sim 1/4$。

（3）隔震装置具有复位和耗能特性。隔震层应具有水平弹性恢复力，使隔震体系在地震中具有瞬时自动"复位"功能，上部结构恢复至初始状态，满足正常使用要求。隔震装置还应具有适当的阻尼，能够吸收并消耗地震输入的能量。

（4）隔震装置的竖向刚度应满足竖向承载力的要求。保证结构使用状态下的安全，并满足结构使用要求。

（5）隔震装置应有足够的抗疲劳、抗老化能力，且具有较好的耐久性和耐火性。

建筑隔震技术发展至今，出现了很多隔震装置，本节仅介绍几种常用的隔震装置。

1. 叠层橡胶垫隔震支座

叠层橡胶垫隔震支座由薄胶板和薄钢板交互重叠、模压硫化黏结而成，其构造如图 8-3 所示。在竖向荷载作用时，橡胶由于受到钢板的约束仅产生较小的横向变形，因而具有很强的竖向承载力和竖向刚度。在水平荷载作用时，橡胶在水平方向没有约束可产生很大的变形，橡胶垫消耗了水平方向的地震能量。叠层橡胶垫隔震支座包括普通夹层橡胶垫支座、铅芯橡胶支座、高阻尼橡胶垫支座等类型。在叠层橡胶垫隔震支座中插入铅芯，形成铅芯橡胶支座，研究表明，这种支座受地震波频率影响较大，在受到低频特性地震作用时，会放大结构地震响应，在设计时应引起重视。而高阻尼橡胶垫支座由高阻尼橡胶材料制成，该材料黏性大，自身可以吸收能量。

图 8-3　叠层橡胶垫隔震支座示意图

2. 滑移摩擦隔震支座

滑移摩擦隔震支座是利用滑移界面间的相对滑动来阻隔地震作用的传递。上部结构所受的地震作用不超过界面间的最大摩擦力，从而大幅度降低上部结构的地震反应。由于此类装置无侧向刚度，不具有自动恢复能力，常与弹性恢复力装置结合使用。目前国际上通常采用以四氟乙烯板和不锈钢板作为摩擦面的聚四氟乙烯滑板隔震支座(图8-4)。

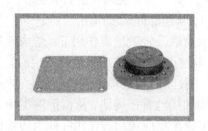

图8-4　聚四氟乙烯滑板隔震支座示意图

3. 滚动隔震装置

滚动隔震装置(图8-5)的形式较多。滚动隔震主要有滚轴隔震和滚珠隔震两种形式。

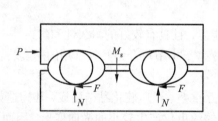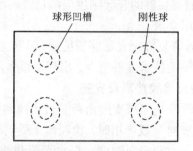

图8-5　滚动隔震装置示意图

4. 混合基础隔震

混合基础隔震包括串联基础隔震、并联基础隔震、串并联基础隔震等。串联基础隔震是由隔震橡胶支座和滑移支座串联而成，有两个隔震层。并联基础隔震是将隔震橡胶支座和滑移支座并联设置在隔震层，它综合了两种隔震装置的优点，可有效提高隔震效果。串并联基础隔震较为复杂，应根据实际情况进行组合，以形成符合实际需要的隔震层滞回曲线形式。

8.2.3　隔震设计

建筑结构采用隔震设计时应符合下列各项要求：

(1)结构高宽比宜小于4，且不应大于相关规范规程中对非隔震结构的具体规定，其变形特征接近剪切变形，最大高度应满足《规范》非隔震结构的要求；高宽比大于4或非隔震结构相关规定的结构采用隔震设计时，应进行专门研究。

(2)建筑场地宜为Ⅰ、Ⅱ、Ⅲ类，并应选用稳定性较好的基础类型。

(3)风荷载和其他非地震作用的水平荷载标准值产生的总水平力不宜超过结构总重力

的 10%。

(4)隔震层应提供必要的竖向承载力、侧向刚度和阻尼；穿过隔震层的设备配管、配线，应采用柔性连接或其他有效措施以适应隔震层的罕遇地震水平位移。

8.2.4　隔震结构的隔震措施

1. 一般规定

隔震结构应采取不阻碍隔震层在罕遇地震下发生大变形的相应措施。隔震层上部结构的周边应设置竖向隔离缝。缝宽不宜小于各隔震支座在罕遇地震下的最大水平位移值的 1.2 倍且不小于 200 mm。对两相邻隔震结构，其缝宽取最大水平位移值之和，且不小于 400 mm。

隔震层上部结构与下部结构之间，应设置完全贯通的水平隔离缝，缝高可取 20 mm，并用柔性材料填充。当设置水平隔离缝确有困难时，应设置可靠的水平滑移垫层。

穿越隔震层的门廊、楼梯、电梯、车道等部位，应防止可能的碰撞。

对于隔震层以上结构的抗震措施，当水平向减震系数大于 0.40(设置阻尼器时为 0.38)时，不应降低非隔震建筑的有关要求；水平向减震系数不大于 0.40(设置阻尼器时为 0.38)时，可适当降低对非隔震建筑的要求，但抗震设防烈度的降低不得超过一度，与抵抗竖向地震作用有关的抗震构造措施不应降低。

2. 砌体结构隔震构造要求

①层数和高度限制。对砌体结构，当水平向减震系数不大于 0.40(设置阻尼器时为 0.38)时，丙类建筑的多层砌体结构，房屋的层数、总高度和高宽比限值，可按《规范》的有关规定降低一度采用。

②隔震层构造。多层砌体房屋的隔震层位于地下室顶部时，隔震支座不宜直接放置在砌体墙上，并应验算砌体的局部承压。

③丙类建筑隔震后上部砌体结构抗震构造措施。丙类建筑隔震后上部砌体结构的抗震构造措施应符合下列要求：

承重外墙尽端至门窗洞边的最小距离及圈梁的截面和配筋构造，仍应符合我国现行抗震规范对砌体结构部分的有关规定。

多层砖砌体房屋的钢筋混凝土构造柱设置，水平向减震系数大于 0.40(设置阻尼器时为 0.38)时，应符合我国现行抗震规范对于砌体结构部分的有关规定；抗震设防烈度为 7~9 度、水平向减震系数不大于 0.40(设置阻尼器时为 0.38)时，应符合表 8-1 的规定。

混凝土小砌块房屋芯柱的设置，水平向减震系数大于 0.40(设置阻尼器时为 0.38)时，应符合我国现行抗震规范对砌体结构部分的有关规定；抗震设防烈度为 7~9 度、水平向减震系数不大于 0.40(设置阻尼器时为 0.38)时，应符合表 8-2 的规定。

上部结构的其他抗震构造措施，水平向减震系数大于 0.40(设置阻尼器时为 0.38)时，仍应符合我国现行抗震规范对砌体结构部分的有关规定；抗震设防烈度为 7~9 度、水平向减震系数不大于 0.40(设置阻尼器时为 0.38)时，可按我国现行抗震规范对砌体结构部分的有关规定降低一度采用。

表 8-1 震后砖房构造柱设置要求

各抗震设防烈度下的房屋层数			设置部位	
7 度	8 度	9 度		
三、四	二、三		楼、电梯间四角、楼梯段上下端对应的墙体处；外墙四角和对应转角，错层部位横墙与外纵墙交接处；较大洞口两侧；大房间内外墙交接处	每隔 12 m 或单元横墙与外墙
五	四	二		每隔三开间的横墙与外墙交接处
六	五	三、四		隔开间横墙（轴线）与外墙交接处；山墙与内纵墙交接处；9 度 4 层，外纵墙与内墙（轴线）交接处
七	六、七	五		内墙（轴线）与外墙交接处；内墙局部较小墙跺处；内纵墙与横墙（轴线）交接处

表 8-2 隔震后混凝土小砌块房屋构造柱设置要求

各抗震设防烈度下的房屋层数			设置部位	设置数量
7 度	8 度	9 度		
三、四	二、三		外墙转角，楼梯间四角，楼梯斜段上下端对应的墙体处；大房间内外墙交接处；每隔 12 m 或单元横墙与外墙交接处	外墙转角，灌实 3 个孔；内外墙交接处，灌实 4 个孔
五	四	二	外墙转角，楼梯间四角，楼梯斜段上下端对应的墙体处；大房间内外墙交接处；山墙与内纵墙交接处；隔三开间横墙（轴线）与外纵墙交接处	
六	五	三	外墙转角，楼梯间四角，楼梯斜段上下端对应的墙体处；大房间内外墙交接处；隔开间横墙（轴线）与外纵墙交接处；山墙与内纵墙交接处；8、9 度时外纵墙与横墙（轴线）交接处；大洞口两侧	外墙转角，灌实 5 个孔；内外墙交接处，灌实 5 个孔；洞口两侧各灌实 1 个孔
七	六	四	外墙转角，楼梯间四角，楼梯斜段上下端对应的墙体处；各内外墙（轴线）与外墙交接处；内纵墙与横墙（轴线）交接处；洞口两侧	外墙转角，灌实 7 个孔；内外墙交接处，灌实 4 个孔；内墙交接处，灌实 4~5 个孔；洞口两侧各灌实 1 个孔

8.2.5 连接构造

（1）隔震支座与上部结构连接，隔震层顶部应设置梁板式楼盖，与隔震支座相关的部位应采用现浇混凝土梁板结构，现浇板厚度不应小于 1600 mm。隔震层顶部梁、板的刚度和承载力，宜大于一般楼盖梁板的刚度和承载力。隔震支座附近的梁、柱应计算冲切和局部承压，加密箍筋并根据需要配置网状钢筋。

（2）隔震支座和阻尼器连接，应安装在便于维护人员接近的部位。

184

（3）隔震支座与上部结构、下部结构之间的连接件，应能传递罕遇地震下支座的最大水平剪力和弯矩。

（4）隔震支座外露的预埋件应有可靠的防锈措施。预埋件的锚固钢筋应与钢板牢固连接，锚固钢筋的锚固长度宜大于 20 倍锚固钢筋直径，且不应小于 250 mm。

8.2.6　隔震层以下的结构和基础设计要求

隔震层支墩、支柱及相连构件，应采用隔震结构罕遇地震下隔震支座底部的竖向力、水平力和力矩进行承载力验算。

隔震层下的结构（包括地下室和隔震塔楼下的底盘）中直接支承隔震层以上结构的相关构件，应满足嵌固的刚度比和隔震后设防地震的抗震承载力要求，并按罕遇地震进行抗剪承载力验算。隔震层以下、地面以上的结构在罕遇地震作用下的层间位移角限值应满足表 8 - 3 的要求。

表 8 - 3　隔震层以下、地面以上的结构在罕遇地震作用下层间弹塑性位移角限值/(°)

下部结构类型	$[\theta_p]$
钢筋混凝土框架结构和钢结构	1/100
钢筋混凝土框架—抗震墙	1/200
钢筋混凝土抗震墙	1/250

隔震建筑地基基础的抗震验算和地基处理仍应按本地区抗震设防烈度进行，甲、乙类建筑的抗液化措施应按提高一个液化等级确定，直至全部消除液化沉陷。

8.3　结构消能减震原理与方法

8.3.1　结构消能减震原理

在地震作用下，地震能量要向建筑结构进行传递。传统抗震结构体系是通过允许结构或结构构件的损坏来"消耗"地震能量。在强烈地震发生后，结构或结构构件破坏严重，修复成本较高，甚至要推倒重建。消能减震设计指在房屋结构中设置消能器，通过消能器的相对变形和相对速度提供附加阻尼，在强烈地震作用下，消能部件和阻尼器首先进入非弹性状态，消耗大量地震能量，使主体结构避免进入明显的非弹性状态，从而达到预期防震减震要求。

结构消能减震技术的方法是根据需要沿结构的两个主轴方向分别设置。消能部件宜设置在变形较大的位置，其数量和分布应通过综合分析合理设置，并有利于提高整个结构的消能减震能力，形成均匀合理的受力体系。在结构变形较大的部位（如支撑、剪力墙、节点、连接缝或连接件等），通过消能装置产生摩擦非线性滞回变形耗能来耗散或吸收地震能量，以减小主体结构的水平和竖向的地震反应，从而避免结构产生破坏或倒塌，以达到减震抗震的目的。这种方法主要用于高层或超高层建筑。

8.3.2 消能装置构造

为了达到耗能的目的,应使消耗装置具有较大阻尼力,其耗能能力大小可由力位移关系滞回曲线所包围的面积衡量,面积越大,耗能能力越大,减震效果越明显。

在结构中使用的消能装置主要有以下几种构造形式。

1. 消能支撑

如图 8-6 所示消能支撑示意图,从图可见,消能支撑可以做成方框、圆框、交叉支撑、斜撑、K 形支撑等多种形式,可以代替一般结构支撑,在地震时发挥其水平刚度和耗能能力。

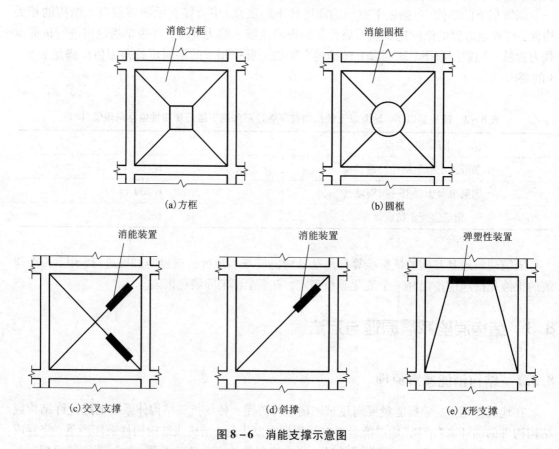

图 8-6 消能支撑示意图

2. 消能剪力墙

如图 8-7 所示为消能剪力墙示意图。从图可见,消能剪力墙形式多样,有竖缝剪力墙、横缝剪力墙、斜缝剪力墙、整体剪力墙。消能剪力墙可以代替一般剪力墙,在结构中起到提高抗侧刚度和消能减震的作用。

3. 消能节点和消能连接

在结构的梁柱节点等部位安装消能节点,可以通过消能装置的变形消耗地震能量,达到减震目的。如图 8-8 所示为消能节点的示意图。

消能连接(图 8-9)是在结构缝隙处或结构构件间的连接处设置消能装置,使之产生变形,发挥其耗能效果。

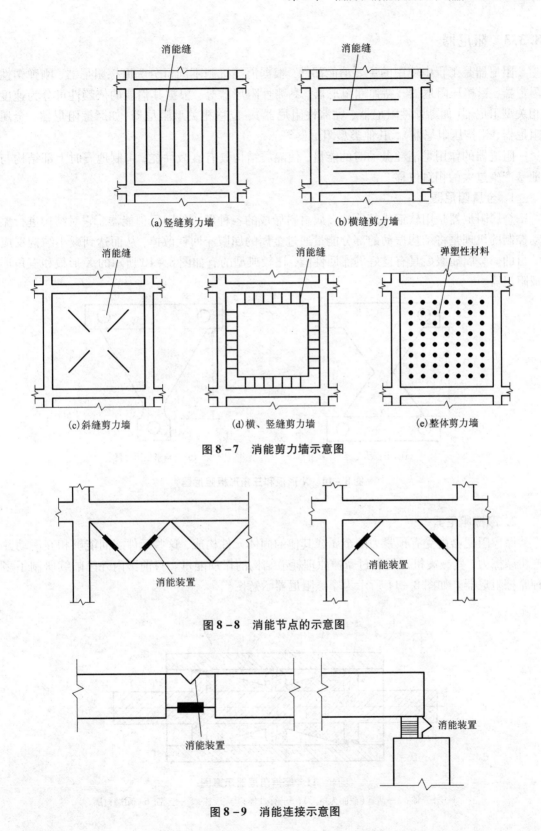

(a)竖缝剪力墙　　　　　　　　　　(b)横缝剪力墙

(c)斜缝剪力墙　　　　(d)横、竖缝剪力墙　　　　(e)整体剪力墙

图 8 - 7　消能剪力墙示意图

图 8 - 8　消能节点的示意图

图 8 - 9　消能连接示意图

8.3.3　阻尼器

阻尼器是工程中使用的主要消能部件，根据消能机制不同可分为摩擦阻尼器、刚弹塑性阻尼器、铅挤压阻尼器、黏弹性阻尼器、黏滞性阻尼器等；根据其消能的依赖性可分为速度相关型阻尼器（如黏弹性阻尼器、黏滞性阻尼器）、位移相关型阻尼器（如摩擦阻尼器、金属阻尼器、铅挤压阻尼器）、其他类型阻尼器等。

阻尼器的作用是消耗振动时的能量，使隔震结构具有衰减性能，抑制地震时上部结构与地基产生过大的相对位移。

1．金属阻尼器

金属阻尼器是用软钢或其他软金属材料做成的各种形式的阻尼消能器。它对结构进行振动控制的机理是将结构振动的部分能量通过金属的屈服滞回耗散掉，从而达到减小结构反应的目的。金属屈服后具有良好的滞回性能，比较典型的有如图 8 – 10 所示的 X 形板和三角形板阻尼器。

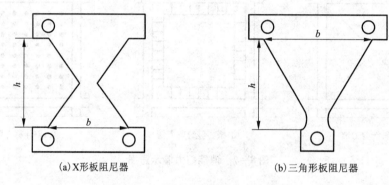

(a)X形板阻尼器　　　　　　　　(b)三角形板阻尼器

图 8 – 10　X 形板和三角形板阻尼器

2．摩擦阻尼器

摩擦阻尼器由受有预紧力的金属或其他的固体元件构成，这些元件之间能够相互滑动并产生摩擦力，其减震机理是通过摩擦原理耗散结构的振动能量。目前国内外已陆续研制了多种摩擦阻尼器。如图 8 – 11 所示为摩擦阻尼器示意图。

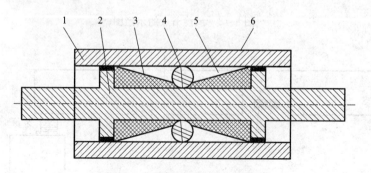

图 8 – 11　摩擦阻尼器示意图

1—外壳体；2—活塞(截面为矩形)；3—弹性体；4—滚柱；5—空腔；6—耐磨衬层

3. 铅挤压阻尼器

铅挤压阻尼器由外筒、可动轴和铅组成，铅是一种结晶金属，当发生塑性变形时，其晶格被拉长并错动，此时一部分能量将转化为热量，另一部分能量为促进铅再结晶而被消耗掉。铅的结晶易在常温下进行，所用时间极短且无疲劳现象，具备稳定的耗能能力，当结构变位使外壁筒与可动轴发生相对位移时，铅发生塑性流动，起到消能阻尼的作用。

4. 黏弹性阻尼器

黏弹性阻尼器由黏弹性材料和约束钢板组成，典型的黏弹性阻尼器如图 8－12 所示。它由两个 T 形约束钢板组成，T 形约束钢板与中间钢板之间夹有一层黏弹性阻尼材料（通常用有机硅或其他高分子材料）。在反复轴向力作用下，约束 T 形钢板与中间钢板产生相对运动，使黏弹性材料产生往复剪切滞回变形，以吸收和耗散能量。

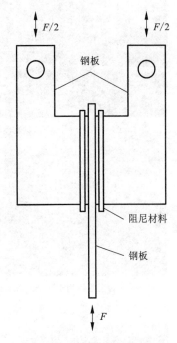

图 8－12　黏弹性阻尼器

5. 黏滞阻尼器

黏滞性阻尼器是根据流体运动，特别是当流体通过节流孔时会产生黏滞阻力的原理而制成的，是一种刚度、速度相关型阻尼器。一般由油缸、活塞、活塞杆、衬套、介质、销头等部分组成，活塞上开有小孔，如图 8－13 所示。当外部激励（地震或风振）传递到结构中时，结构产生变形并带动阻尼器运动。在活塞两端形成压力差，油缸内的流体阻尼介质（通常为硅油或其他黏性液体）从阻尼结构中通过，从而产生阻尼力并实现能量转变（机械能转化为热能），达到减小结构振动反应的目的。图 8－14 是一些阻尼器的应用实例。

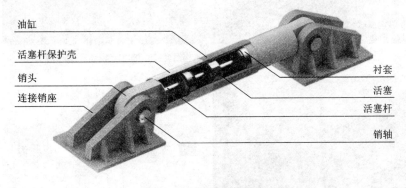

图 8－13　黏滞性阻尼器

 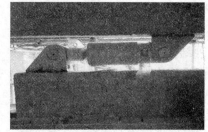

(a)黏滞性阻尼器在桥梁和建筑中使用

(b)预应力型阻尼器用于国家大剧院水下连廊的顶棚(工作温度-40~150℃；设计寿命50年)

(c)积水潭医院黏滞性阻尼器抗震加固工程实例(工作温度-30~80℃；设计寿命30年)

(d)北京广播电视大学抗震加固工程(工作温度-30~80℃；设计寿命50年)

(e)北京四环的桥(工作温度-30~80℃；设计寿命30年)

图 8-14　阻尼器的应用实例

8.3.4　房屋消能减震设计

消能减震设计时，应根据多遇地震下的预期减震要求及罕遇地震下的预期结构位移控制要求，设置适当的消能部件。消能部件可由消能器及斜撑、墙体、梁等支承构件组成。消能器可采用速度相关型（如黏滞性阻尼器和黏弹性阻尼器等）、位移相关型（如金属阻尼器和摩擦阻尼器）或其他类型。

复习思考题

1. 何为隔震？何为消能减震？两者有何区别？
2. 常用的结构隔震装置有哪些？
3. 结构隔震计算简图是什么？
4. 常用的阻尼器有哪些？试述其特点。

参考文献

[1] 住房与城乡建设部. 建筑抗震设计规范(GB 50011—2010)[S]. 北京：中国建筑工业出版社, 2010.

[2] 住房与城乡建设部. 高层建筑混凝土结构技术规程(JGJ 3—2010)[S]. 北京：中国建筑工业出版社, 2010.

[3] 李爱群, 丁幼亮, 高振世. 工程结构抗震设计[M]. 北京：中国建筑工业出版社, 2010.

[4] 柳炳康, 沈小璞. 工程结构抗震设计[M]. 武汉：武汉理工大学出版社, 2015.

[5] 吕春, 郭建, 王丹丹. 工程结构抗震[M]. 西安：西安交通大学出版社, 2012.

[6] 清华大学, 西南交通大学, 北京交通大学土木工程结构专家组. 汶川地震建筑震害分析[J]. 建筑结构学报, 2008, 29(4).

[7] 吕西林, 等. 建筑结构抗震设计理论与实例[M]. 上海：同济大学出版社, 2011.

[8] 王显利, 等. 工程结构抗震设计[M]. 北京：机械工业出版社, 2015.

图书在版编目（ＣＩＰ）数据

工程结构抗震／尹素仙，蒋焕青主编. --长沙：
中南大学出版社，2018.8
ISBN 978－7－5487－3372－0

Ⅰ.①工… Ⅱ.①尹… ②蒋… Ⅲ.①建筑结构—防
震设计 Ⅳ.①TU352.104

中国版本图书馆 CIP 数据核字（2018）第 198540 号

工程结构抗震

主编 尹素仙 蒋焕青

□责任编辑	周兴武	
□责任印制	易红卫	
□出版发行	中南大学出版社	
	社址：长沙市麓山南路	邮编：410083
	发行科电话：0731－88876770	传真：0731－88710482
□印　　装	长沙市宏发印刷有限公司	

□开　　本	787×1092　1/16	□印张 13	□字数 325 千字
□版　　次	2018 年 8 月第 1 版	□2018 年 8 月第 1 次印刷	
□书　　号	ISBN 978－7－5487－3372－0		
□定　　价	42.00 元		